歴史文化ライブラリー

225

お米と食の近代史

大豆生田 稔

吉川弘文館

目　次

拡大する米消費　米騒動前後

日本人と米食——プロローグ

田園地帯のいたる所で、雑草におおわれ荒れ果てた休耕田（きゅうこうでん）が無惨な姿をさらしている。米の生産調整のため一九七〇年（昭和四五）から減反（げんたん）政策がはじまった。米が「過剰」であることはよく知られている。しかし、それがいわれだしたのはここ三〇年のことに限られる。いまからおよそ一〇〇〇年前、二〇世紀に入る頃から米は足りなくなり、以後長い「米不足の時代」が続いた。

米不足の時代

一九九三年（平成五）には作況指数（平年収量を一〇〇とした指数）が七四で「著しい不良」となった。この作況指数は戦後最低で（第二位は八〇年の八七）、同年は記録的な大凶作となった。九三年産米収穫量は七六六万㌧、同年一〇月の在庫量二三万㌧、計七八九万トンに対し、同年一一月から翌年一〇月までの緊急輸入量の実績は二五九万トンであった（食糧庁調べ）。総供給一〇四八万トンに占める輸入米の量はほぼ四分の一である。「米不足」はにわかに到来した。この不作を受けて、アジア・アメリカ・オーストラリアからの緊急輸入がはじまり、中国米やタイ米などが食卓に上った。国産米と輸入米を混合した「ブレンド米」が販売され、また外国米の上手な炊き方や調理方法などが報じられて話題となった。

しかしこのように大量の輸入米に主食を依存するという異常な事態は、「米不足の時代」には通常のことがらであった。米不足が深刻になる一九〇〇年（明治三三）頃からは、毎年多量の米が海外から輸移入されたのである。

米食の拡大

この米不足は、国内における米需要の拡大が生産の発達を上回ることによって生じ、さらに深刻化したものである。近代日本の人口は顕著に増加し、一八九〇年（明治二三）から一九二〇年（大正九）にかけて四一三一万人から五五九六万人へと三五％もの増加をみていた（梅村又次他著『長期経済統計』二）。これに加えて、一九〇〇年をはさむ前後四〇年ほどの間に、一人あたり米消費量も目立って増加した。

二〇〇五年（平成一七）五月二〇日付の『朝日新聞』（朝刊）は、〇四年度の日本人一人あたりの年間米消費量が白米五九キロで、はじめて一俵（四斗、七二リットル、六〇キロ）を割り込んだ〇三年よりさらに一％減ったと報じている。主食としての米の位置は変化し、一九六〇年代以前と比較すると大きく後退した。

しかしこの米消費の減退も、近年になって生じたことがらである。米食のピークは、戦後は一九六〇年代はじめ頃に年間平均一人あたりの米消費量が最大となり、白米一二〇キロ程度（江口誠一「戦前期日本農家の食料消費構造」『社会経済史学』六九―五）であった。いまから四〇年ほど前のことである。六〇年代半ばからの四〇年間で消費量は半減したことになる。

戦前には、一九一〇年代末頃に年間一人あたり玄米一三〇キロ前後に達し、太平洋戦時下に深刻な食糧不足が発生するまではほぼ同程度の水準であった。一九二〇年代から六〇年代はじめにいたる四〇年間は、戦時から戦後の十数年間を除いてほぼ白米一二〇から一三〇キロ、玄米で一石（一八〇リットル、一五〇キロ）弱の消費量が続いた。

さらにその四〇年前は一八八〇年代、明治中頃にあたる。この一八八〇年代から一九二〇年頃までの四〇年間は、最近の四〇年間とは逆に米消費が目覚（めざ）ましく増加した時期であった。一八八〇年頃の年間一人あたり消費量は現在よりは多いが、一九二〇年頃からみれば少なく、麦や雑穀などの消費が一定の割合を占めていた。とくに農村では、麦や雑穀を米に混ぜた主食が一般的であった。農村では、米麦のほか、粟（あわ）・稗（ひえ）・黍（きび）・玉蜀黍（とうもろこし）など、自給的な食用を目的とする雑穀栽培が明治中頃までは盛んであった。

ところで、この時期は日本の産業革命とその前後の時期にあたり、主食の変化を含めて、人々の生活があらゆる局面で大きく変化した。本書は主にこの時期を対象にしている。

自由取引の時代

戦時の一九四二年（昭和一七）に成立した食糧管理法は戦後も長く存続したが、八一年に大幅に改正され、さらに九四年に廃止されて「新食糧法」（「主要食糧の需給及び価格の安定に関する法律」）に代わった。米の流通は大幅に自由化され、価格統制や買入・売却などによる政府の市場介入は後退して「市場原理」が導入されている。しかし、六九年から登場した自主流通米も、政府の直接管理ではないが、計画流通米として政府が毎年決定する需給計画のなかに位置づけられている。

一九二〇年代はじめまで、米はほぼ自由に取り引きされた。政府が米の売買に乗り出すことは一時を除いてほとんどなく、市場への介入策もせいぜい関税を賦課する程度であった。また全国各地にある米穀取引所では、定期市場と呼ばれる先物取引が活発に営まれていた。ここでは米は投機の対象にもなった。相場師が暗躍し、しばしば買占めなどによって米価は暴騰した。また下落するときも大幅であった。

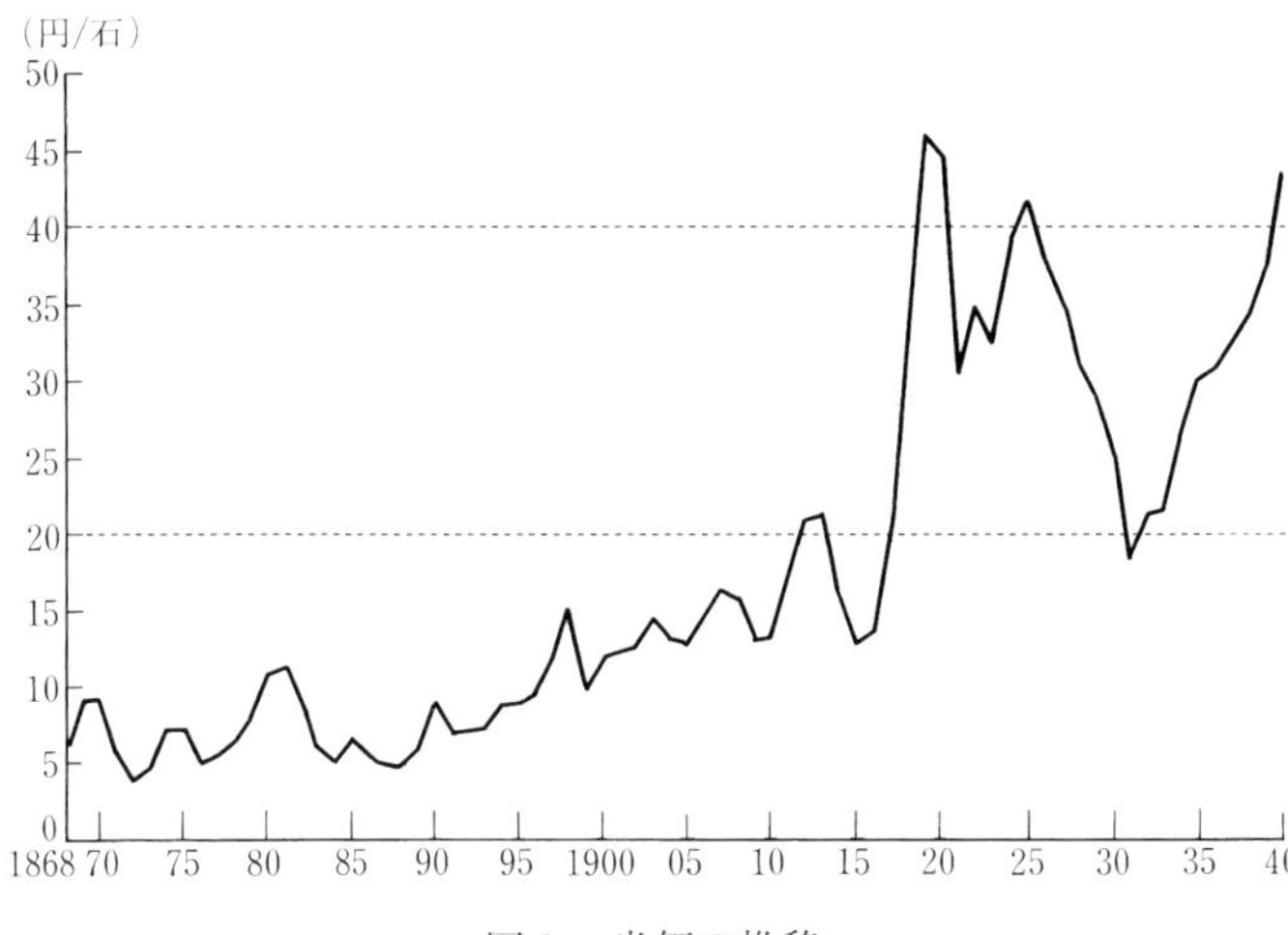

図1　米価の推移
(出典)　農政調査委員会編・加用信文監修『改訂日本農業基礎統計』(農林統計協会、1977年)をもとに作成。

「米不足の時代」に入ると米価は、騰落はあるが長期的にみれば上昇傾向をたどった。一九〇〇年前後から、凶作などによって時に米価は激しく暴騰するようになる。図1のように、一八九〇年、一八九八年、一九〇三年、一二～一三年には大きく騰貴し、さらに一八～二〇年は暴騰して一八年の米騒動を引き起こした。激しい米価変動は社会問題となった。

ブランド米の起源

自主流通米が登場した背景には、おいしい米の需要の高まりがある。米全体の消費が落ち込むなかで、こうしたブランド米の人気はかえって高まっている。現在ではコシヒカリ・ササニシキをはじめとする銘柄がよく知られている。

こうしたブランド米の産地として名高い東北地方や北陸地方は、現在わが国有数の米作地帯である。また、新潟産の「魚沼産コシヒカリ」、秋田県の「あきたこまち」などに代表されるように、「おいしいお米」の産地としても知られている。しかし明治末頃まで、日本海側の地域の産米は、むしろ粗悪なものとして有名であった。乾燥不良による変質・腐敗、籾など異物の混入、俵装不良による脱漏などの問題をかかえ、なかなか改良がすすまなかった。産地において米穀検査による品質管理・規格化を徹底し、有利な商品化をはかる試みが「産米改良」であり、明治半ば以降、各地ではじまった。それは、米俵のなかの産米をよく乾燥して斉一にし、異物を排除し、俵装を二重にして強固にし、容量を四斗に統一し、検査によって一等・二等・三等などいくつかのランクを付すなどの作業である。「米不足の時代」に、拡大する消費地の需要を満たすには、商品として大量かつ円滑に取り引きすることが必要であり、そのためには商品として規格化される必要があった。現在のような銘柄が確立するまでの産米改良の道のりはけわしかった。

本書のねらい

近年、農業が急激に後退し、代掻きや田植え・草取り・稲刈り・脱穀などの稲作の作業風景に接したり、秋の稲穂のかおりをかいだりすることが少なくなった。棚田(たなだ)の景観を保護する運動が起こるなど、稲作は一つの「文化財」にもなろうとしている。

しかし、消費が減ったとはいえ米はなお、わが国の主食の座にあるといえよう。わたしたちは白いご飯に慣れ親しんでおり、日本人の食生活に、なくてはならないものと考える人はまだ多い。

そこで、日本の近代社会のなかで、米の生産や流通・消費を見直そうというのが本書のねらいである。近代日本が成立する頃、米はだれでもふんだんに食べられる主食ではなかった。米食が大きく前進した明治中期から第一次大戦後の時期、つまり一八八〇年代から一九二〇年（大正九）頃までを対象にして、米不足の深刻化、米消費の増加、米の流通の変化、産地における産米改良の試みなどをみていきたい。

この間、一九〇〇年前後の産業革命を画期として工業化がすすんだ。産業や経済の発達によって人々の生活は変貌し、主食をめぐる食生活も大きく変わった。都市や農村では、米消費の増加がかつてない速度ですすんだ。この米消費の拡大は米食へのあこがれによるものであり、戦後、特に高度成長期の生活水準の上昇が食の多様化を促し、米の消費量を減らしたのとは対照的であった。

多くの農民が米づくりにはげむ一方で、消費の面でも米は人々との関わりが多様であった。消費が拡大するにしたがって商品として姿を整えていった米は、商人の自由な取引によって産地から消費地に向かった。大消費地の市場をめぐって、産地どうしのきびしい競争も発生した。国内の生産力には限りがあり深刻な米不足が生じたため、植民地や外国など海外からの輸移入に頼らざるをえなくなった。また米を十分に食べられない者も多かった。主食として消費が伸びつつあった時期の米に注目し、その生産・取引・消費をめぐる生産者・商人・消費者の動向をさぐっていきたい。

米不足の時代へ

連年豊作

インフレ期の農村

一八七七年（明治一〇）の西南戦争前後から八一年まで、不換紙幣の増発によるインフレで諸物価が上昇し米価も著しく高騰した。この間に著しい凶作はなかったが、七七年には豊作であったにもかかわらず米価は上昇した。さらに、同年に一石あたり五円台であった米価は、八〇～八一年になると一〇円台となり二倍以上に騰貴した。

東京深川の有力な廻米問屋山崎繁次郎商店が、一九一四年に刊行した『米界資料』というパンフレットがある。毎年の作柄や米価の動向、米の輸出入や国内の取引状況などをまとめたもので、関係する統計データなども収められている。これによれば、七〇年代末の米価高騰は持続し、八〇年には「明治以来の新高値」を記録、それは翌八一年まで続いたという。

この米価の高騰は好景気を農村にもたらした。一八七〇年代末は地租改正作業がほぼ終了する時期にあたる。定額を金納する地租への切替作業がほぼ完了し、耕地を所有する農家は全国一律に所有地の地価に応じて課税されるようになり、収穫した米などを売って地租を納めることになった。それまで現物年貢が課されたのとは異なり、米価が高騰すれば、税額は毎年一定であるから実質的には減税となった。

米価の上昇による地租負担の軽減は、一八七九年あたりから現実のものとなった。南部助之丞編『米相場考』（一八九〇年初版）によれば、同年は豊作であったが農家は「富饒」で余裕があり、先高を見越して売り急ぎがなかった。農村の好景気の理由は、米価が騰貴したためで、それまで「一石を売りて地租を納めしもの」も「五、六斗を売りて事足」りたからである。現物年貢のベースでみれば、これは租税が半額近くに減額されたことを意味する。

「驕奢」の流行

滋賀県勧業課が一八八五年（明治一八）に刊行した『農商工業衰頽景況取調答申書』（以下、『答申書』と略す）によれば、七〇年代末の好況は農村の生活を大きく変貌させるものであった。

たとえば同県犬上(いぬかみ)郡彦根本町の伊関寛治は、米価の騰貴による農村生活の変貌について、「古来絶無の暴富」をきわめて「驕奢(きょうしゃ)」が一般に流行し、「衣服・飲食・家屋・器具、一として華美贅沢を極め」ない者はなかったと述べている。また愛知(えち)郡今在家(いまざいけ)村の岸善平は、農産物価格が非常に高騰して、「はかりしれないほどの利益があり、『迷酔』して『邪侈(じゃし)の風俗』さえあった」（同前）ともいう。販売する米を比較的多く所有する自作農や地主たちにはまさに黄金時代であり、贅沢が広まって生活水準が著しく向上したのである。

米価高により租税負担が実質的に減じ、米作は大きな利益を生んだ。このため地価が高騰し、同県高島郡勝野村の福井弥平は、農産物価格が騰貴して地券の「信用」を高め、従来は額面地価の六、七割の価格で土地が売買されていたが、逆にその二〜三倍にも跳ね上がったと報告している。「天下の富は農独(ひと)り之(これ)を占むるの想」いがあったのである。

松方デフレ

しかし、一八八一年（明治一四）に大蔵卿に就任した松方正義(まつかたまさよし)が財政緊縮に着手すると、米や繭(まゆ)などの農産物価格は暴落し、農村は一転して深刻な不況に陥った。名目で一石あたり一〇円を超えていた米価は、約半額の五円台に低落した。『米界資料』によれば、八三年には作柄も良かったため、「益々(ますます)下落し殆(ほとん)ど底止(ていし)する所を知らず」という暴落となった。翌八四年は凶作となったが、米価は下がったままであった。定額金納の地租のもとでの米価下落は、上昇のときとは逆に実質的な増税を意味した。土地を所有する農家の負担は急に重くなり、農業経営や暮らしを圧迫した。しかし、いったん向上した生活水準は急にもとには戻しにくかった。「前日の悪習は容易に」改められず「終（つい）に目下の衰頽（すいたい）」をまねいたのである。

この『答申書』は、八一年からはじまる松方デフレのもと、農村が不況に陥った原因について県下の勧業諮問（しもん）員たちの意見を取りまとめているが、不況の影響として肥料の使用量が激減したと指摘している点が注目される。

たとえば伊関は、八四年の施肥量は八〇年頃に比べ半減したと述べている。毎年春夏は肥料を購入する季節であったが、肥料問屋の在庫が増えて「山を作（な）し」ていた。また岸は近来農家が「衰頽」し、肥料購買力を減じて「満足の収穫」ができなくなったと報告している。このほかにも県下各地から、不況のため肥料が購入できず収量を減じたという報告も寄せられた。滋賀県の産米は「近江（おうみ）米」と呼ばれ京都地方で消費されたが、米価の動向は米作にも影響を与えたのである。

米作の活発化

ただし、米価の低迷が長く続いたにもかかわらず、国内全体としては米作は衰退しなかった。つまり作柄は、平田純一郎著『米商宝鑑』（一八九五年）によれば、一八八一年（明治一四）「平年作に比し稍劣」る、八二年「平年を下らず」、八三年「概して平作」、八四年「一割五分の減作」、八五年「一割以上の増収」、八六年「全国を通じて豊饒の作柄」などと評され、米価安に苦しんだにもかかわらず不作は稀であった。

明治期の米作は、長期的にみれば順調に発展を遂げたといえる。米作発達の一つのピークは一八八〇年代中頃にある。国内の米穀収穫量の推移を示した一六ページの図2によれば、八〇年代中頃から米の収量は顕著に上昇を続けている。九〇年代半ばに一時停滞し上昇傾向は緩むが、基本的には拡大傾向が継続したのである。これは、耕地面積や反収の伸びに支えられたものであった。

このように、米作は不況のどん底の八〇年代前半にもそれほど不振には陥らず、続く八〇年代後半は「連年豊作」となった。米価はなお不振であったが、八五年は「豊饒」で「供給潤沢」、八六年は「豊作続き」、八七年も「豊作続きにて供給余りある」状態となり、好調な収穫量が続いたのである。

米価水準の動向

米作が長期的に拡大していった第一の要因は、米価水準が概して上昇傾向を維持したことによる。主な農産物の価格水準の推移をみた次ページの図3によれば、米価の水準は、松方デフレが終息する一八八〇年代半ばから九〇年代末にかけて、一貫して一般物価に対して上昇の趨勢を保っていた。米価は年々割高となり、またほかの産物と比較しても比較的長期にわたって上昇傾向を維持したといえる。

米価水準の上昇傾向について『米界資料』は、九〇年代末に次のように述べている。

> 米穀需要の増大は一面で人口増加を意味している。ことに東京市は近年膨脹の勢がはなはだ急で、これが米の集散に大きく影響している。全国的にみても、「生活程度の向上」などにより、平年の作柄でも日本米だけでは「幾分の不足」となり、朝鮮米と外米の供給により漸く需給を調和できる状況となっている。米価は「到底往年の安値を許さゞる」趨勢(すうせい)となった。

人口の膨張や生活程度の向上によって米の消費が急速に拡大し、国内生産だけでは不足するようになり、輸移入によって需給を調整するほどなので、米価は高値になっているというのである。次ページの図2によれば一八九〇年代後半から、国内生産量と消費量の乖(かい)離(り)が目立つようになる。米不足は米価を引き上げていったのである。

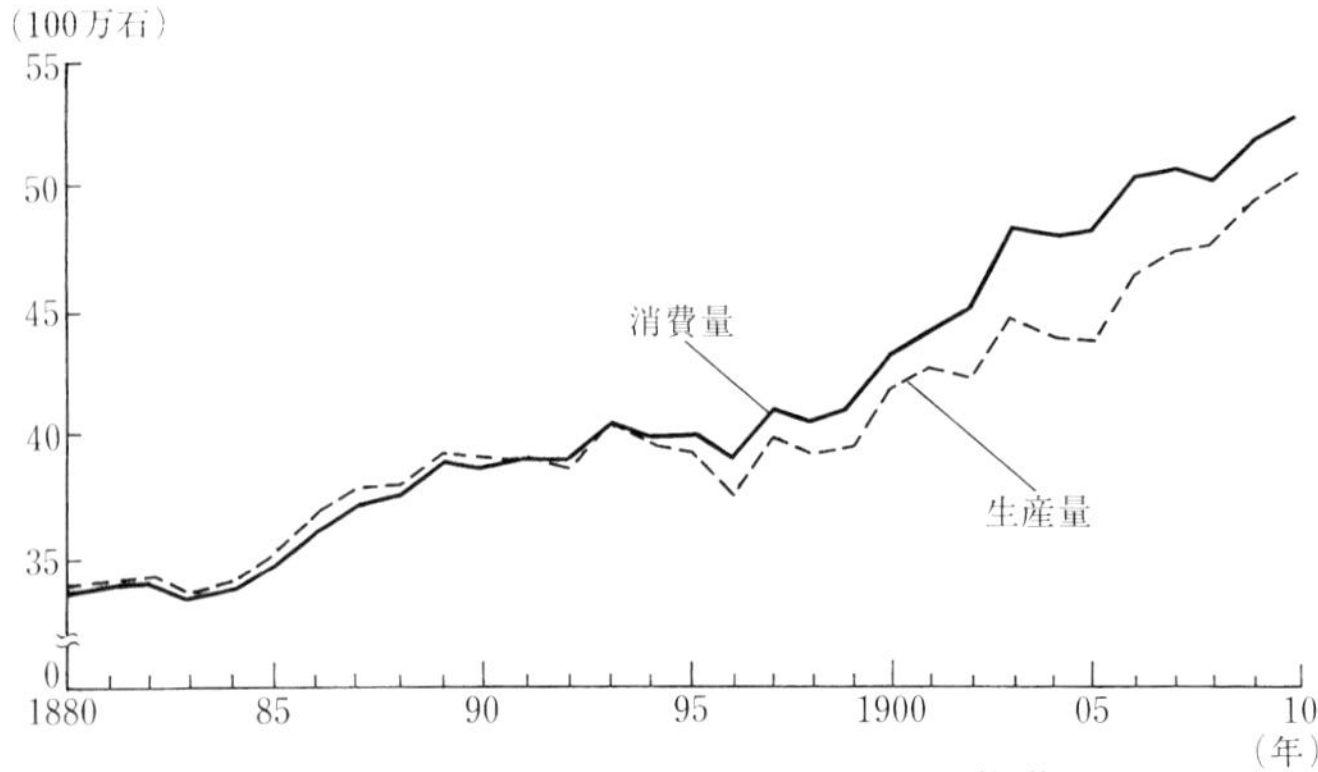

図2　国内の米穀生産量と消費量の推移

(出典)　梅村又次ほか『長期経済統計』9農林業（東洋経済新報社、1968年)、農林省農務局『米ニ関スル調査』(1915年)、農林省食糧局『米穀統計』第二次（1924年）をもとに作成。

(注)　消費量の推計方法は［国内生産量(前年)＋輸移入量(再輸移入量を含む)－輸移出量(再輸移出量を含む)]。数値はすべて5ヵ年移動平均値。

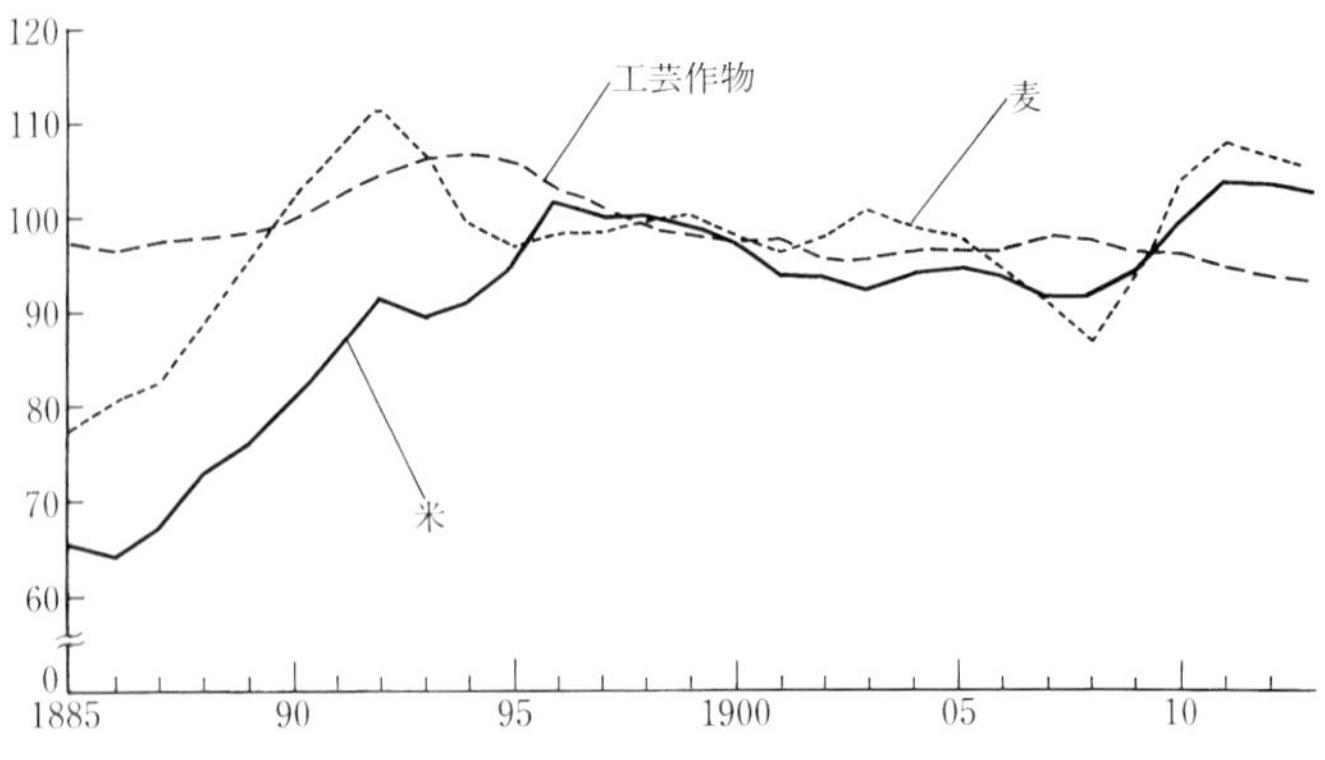

図3　主要農産物の価格水準の推移

(出典)　大川一司ほか『長期経済統計』8物価、梅村又次ほか『同』9農林業（東洋経済新報社、1966・68年）をもとに作成。

(注)　それぞれの農産物庭先価格指数(1904-06年ウェイト)を消費者物価指数(農村)でデフレートし、1886-1900年平均をそれぞれ100とした。数値はすべて5ヵ年移動平均値。

技術改良と普及

米作の順調な発達は第二に、農業技術の改良とその普及によってもたらされた。農商務省が設立される一八八一年（明治一四）前後から、各府県は勧業課をおいて諸産業の振興をはかるが、その主な対象は農業であった。民間にも「老農」とよばれる農事改良家が多数存在した。「老」は経験を積んだという意味であり、彼らは技術改良に関心が深く、独自に品種改良、農具の工夫など農法の改良をすすめ、全国各地に存在した。またその普及のため、改良成果をまとめた農書も出版された。「三老農」と呼ばれるような、全国に名前を知られた者もいたが、府県や郡などの地域レベルにも多数存在して技術改良を底辺から支えた。

一八七七年に『勧農新書』を著した林遠里は、福岡県の黒田藩士の家に生まれ、全国にその名を知られた老農であり「三老農」に数えられることもある。その農法は、北九州地方に普及していた、無床犂を用いる乾田牛馬耕による深耕法や、多肥・除草などを体系化したもので、「明治農法」とも呼ばれた。遠里の門下生は、深耕用の無床犂を馬で引く農法である馬耕の教師として、明治中後期に東北・北陸・山陰地方など全国各地に派遣され、先進地の「明治農法」を直接広めていった。また、遠里自身も招きに応じて各地に講演し、参集する地域の老農や地主・農民らの質問にも答えながら、その農法を伝えた。

奈良専二の農書

また、遠里とならぶ著名な老農に奈良専二がいる。一八二二年（文政五）に香川県高松郊外の三木郡池戸村に生まれ、「三老農」のひとりに数えられ、『農家得益弁』（一八七七年）、『新撰米作改良法』（一八八八年）など多数の農書を著した。専二は生地で年少の頃から農法改良の実践や農書の執筆を続け、香川県の勧業掛もつとめたが、六二歳になった一八八三年（明治一六）に家督を譲って上京した。三田育種場雇員、千葉県農商課傭をつとめたのち茨城県内をまわり、一八九〇年からは秋田県に移って同地の産米改良などに従事したが、九二年に同県仙北郡花館村（現、大仙市）に客死した。故郷をあとにしてからは一度も生家に帰らなかったといわれ、最前線に立って生涯を農事改良とその普及にささげた（奈良光男『一意勧農』）。

多様な技術普及の形があった。各府県内では、県や郡・町村などさまざまなレベルで農談会や共進会が開かれ、先進技術の導入や地域での応用についての情報が交換された。著名な老農が招かれたり、その農書の内容が紹介されたりした。また各地の老農は地域に即した技術改良や普及に尽力した。

ところで、専二の『新選米作改良法』には次のように、米の輸出について記されている。

輸出に適する米をつくろうとするなら、単に収穫の多いだけに傾意せず、粒形長大で量目の重いものを主とすべきだ。……

いま輸出米について乾燥の注意を述べると、もともと米は日本でも夏を越すときは色沢を失うが、外国へ輸出するときはなおさらである。およそ三〇日は熱帯を通過するので、ややもすると欧州へ到着後色沢を失い腐敗米を生ずることが多い。いまこれを防ぐには米の乾燥を丁寧にして米を強壮にし、この「熱度」に耐えさせるほかない。〔乾燥が良好な〕肥後米にはこの「災厄」にかかるものが少ない。

輸出米は大粒で重量があるものが良く、またインド洋で高温にさらされるため腐敗しないよう乾燥が重要であるという指摘である。肥後米は乾燥が優れ輸出に適していた。米は明治半ば頃まで重要な輸出品として注目されていた。生糸・茶に次ぐ第三の輸出品の座についたときもある。したがって輸出に適した米づくりは、農書の主要なテーマの一つであった。

世界市場のなかの日本米

一八八〇年代後半の「連年豊作」は米価を低落させた。『米界資料』によれば、一八八三年（明治一六）には松方デフレによる経済界の窮乏がその頂点に達して、農家は一時の危急を免れようとして土地や米穀を売却し、米価はますます下落した。また八五年後半には「豊穣」のため米価はさらに低下し、翌八六年にも「豊作続き」で一石あたり五円五〇〜六〇銭程度にまで下落した。豊作はさらに八七年・八八年にも続いた。八八年には「三年続きの揚句(あげく)」に、また米価は「続々低落」したのである。

しかし下落は、米穀輸出の活発化によって下げどまった。東南アジアの米はヨーロッパやアメリカ・オーストラリアに輸出されていたが、日本米も米価が低落すれば海外輸出の条件が整い、その一角にくいこむことができた。ただし、運賃コストを考慮すると、ある限度以下に米価が下がらないと輸出は難しかった。大蔵省の試算によれば、日本において米価が一石あたり七円程度以下になると、ヨーロッパへの輸出が採算上可能となった（大蔵省主計局『米価ヲ平準ニスル方案』）。実際に、米価が七円前後になると輸出が活発化し、米価はそれを超えては下がりにくくなった。

つまり、ロンドン市場における一八九一年における米の相場は、円換算すると一石(こく)あたり最高一一円一八銭、最低一〇円六五銭であった。これは同年の東京の平均相場七円四五銭と比較すれば三円以上の高値である。さらに、輸出米産地をひかえた下関では東京よりさらに一円低い。運賃ほか諸経費を負担しても、米価が七円以下になれば採算がとれるという計算であった。

政府による米輸出

政府は一八七〇年代から八〇年代末にかけて、国内で直接買い上げた総計三百数十万石の米を海外へ輸出した。これは、民間も含めた米穀輸出総量のほぼ三分の一にあたる。政府が直接米の輸出を行う主な目的は、はじめは地租改正を円滑にすすめるため米価の下落を抑制することであったが、八〇年代からは正貨を獲得することへと推移していった。

政府の輸出が本格化するのは一八八二年（明治一五）からである。その原資は「準備金」と呼ばれる政府の特別会計資金であった。政府は生糸（きいと）や茶の輸出を促進するため「準備金」を運用したが、米も重要輸出品に位置づけられていた。政府は横浜や神戸の外国商人と契約して、紙幣で購入した国内の産米を海外へ輸出し、代金を正貨で得てその蓄積をはかったのである。

政府による米輸出の相手は、二二・二三ページの表1のようにヨーロッパの諸国であった。のちに農商務省が、政府による米穀輸出がヨーロッパの市場で「確固たる販路を得」たと評しているように、ヨーロッパの日本米需要を喚起して、民間の米穀輸出を活発化させる一因になったといえよう。

相手国				白米
オランダ	ベルギー	オーストリア	アメリカ	
108	8	23		24
20	—	—		15
48	—	40		17
22	—	—	7	21
7	6	17	59	34
—	14	—	59	3

班(主任編纂)」(『松尾家文書』第74冊23) をもとに作成。
「外国輸出ノ約」により国内売却されたが仕向先は不明。表の年次

神戸港からの輸出

輸出に適した米は、西日本・九州地方に多く産出された。輸出米は乾燥が十分であることが必須条件であるほか、ヨーロッパ市場では最大の比重を占める東南アジア産の米と同じ長大な粒形が好まれた。こうした条件を満たすのは、中国・四国・九州地方の産米であった。

日本米を最も盛んに輸出したのは神戸港である。輸出に適合的な西日本の産地に近かったからである。兵庫の米穀問屋たちは輸出向けの米について次のように評している。

> わが国において輸出に適する粳米の産地は、……山口県を以て第一とし、熊本・福岡・大分がこれに次ぎ、佐賀・岡山・愛媛・兵庫・三重の諸県がまたこれに次ぐ（戸田忠主『日本産米品評会要録』）

表1　政府による米輸出と相手国

年次	政府による輸出量	輸出総量に占める割合(%)	輸出		
			イギリス	ドイツ	イタリア
1884	282	59	—	73	47
1885	36	27	—	—	—
1886	181	31	22	54	—
1887	98	26	31	16	—
1888	392	28	4	101	164
1889	291	21	—	18	76

（出典）　大蔵省主計局『米価ヲ平準ニスル方案』（1892年）、「米麦輸出一
（注）　白米の仕向先は不明。1889年の政府輸出量のうち、120,000石は
は暦年、輸出量の単位は1,000石。

神戸港はわが国最大の米穀輸出港として、とくに一八八八年（明治二一）と翌八九年には、国内の豊作を背景に大量の日本米を輸出した。神戸に駐在する英国の領事は、一八八八年の神戸港の米穀輸出貿易について、本国にあてて次のように報告している。

今や米は日本を代表する産物である。一八八八年に神戸港が達成したが、輸出額の第一位を米が占めたのは、国内貿易港の輸出貿易史上初のことだと思う。……同年の神戸港の活況は米穀輸出によるところが大きい。さらに米穀輸出の拡大は続いており、神戸港の一層の発展が期待されている。すでに八九年の輸出も八八年以上に大幅に増加しており、凶作で日本国内の必要量すら収穫できなくならない限り、輸出拡大の持続はほとんど疑いない。

神戸は貿易港のなかでは米の大産地に最も近く、米穀貿易の中心地となっている。（*British parliamentary papers ; Japan* : 8, pp. 384–385）

神戸港は一八六八年に開港したが、中世以来の湊（みなと）である兵庫に隣接していた。兵庫には各地からの産米が集まり、それを取引する米問屋や仲買が神戸居留地の外商や日本人商社に売り込んだのである。

ヨーロッパの日本米需要

それでは日本米は、欧米においてどのように受容されたのであろうか。ドイツ北部のハンブルク名誉日本領事は一八八九年に、「日本米はイタリア米に類似しており、安価に売却できれば売れ行きがよいだろう」と述べ、輸出された日本米の過半がイタリアで消費されたと報告している（『通商報告』一〇〇）。また同じ頃アメリカでも、日本米の品質は同程度の米に「勝る所あるも劣ることなし」とか（ニューヨーク、『通商報告』一七）、他国産より優るとしても「過評に非（あら）さる可（べ）し」（サンフランシスコ、『通商報告』五五）などと評価され好評であった。

日本米の主な輸出先は、イギリスやドイツなどのヨーロッパと、オーストラリアとアメリカ、そのほか、年次によっては中国が比較的多かった。とくにイギリス・ドイツへの輸出量が多かったが、これはロンドンとハンブルクがヨーロッパの米の集散地であったから

表2　ヨーロッパ各国の日本米輸入量と輸入港

輸入国	1888年	1889年	輸入港
イギリス	100	124	ロンドン、リバプール
ドイツ	218	347	ハンブルク、ブレーメン
フランス	18	123	マルセイユ、ダンケルク、アーブル
イタリア	266	470	ジェノア、ヴェニス
オーストリア	33	63	トリエステ、フィウメ
オランダ	139	165	
ベルギー	44	19	アントワープ
デンマーク		7	コペンハーゲン
年末在高	43		
合計	876	1,318	

（出典）『通商報告』105、『官報鈔存通商報告』1890年4月分をもとに作成。
（注）表の年次は暦年、輸入量の単位は1,000石。1トン＝7石とした。

で、両地から各地に再輸出された。そこで、最終消費地を確かめるため一八八八〜一八九年の欧州各国の日本米輸入量と輸入港をみると、イタリア・ドイツが多く、次いでオランダ・イギリスが続いている（表2）。

ヨーロッパの米穀需要は、一八八〇年から九〇年にかけて倍増したといわれ、米生産国イタリアやスペインによる供給増加には限界があったから、アジアの米に対する需要が高まった。このため日本米の輸出先としてヨーロッパ市場は有望視された。

とくにイタリアでは日本米の人気が高かった。一八八九年の日本の凶作により翌九〇年に輸出量が激減すると、イタリアでは「偽日本米」が出回って流行したという（『外国貿易概覧』一八九〇年版）。それだけ、日本米の需要が高かったのである。領事報告によれば、イタリアでは製糸業の労働者が昼食に米料理を食べた。日本米は光沢と粘りがあり、精米しても磨耗が少なく、インド米より優れていたため好評を博したといわれる。

米価暴騰と米穀輸入

一八八九年の作柄

一八八六年（明治一九）には景気が好転し、紡績や鉄道・鉱山を中心に民間の企業熱が高まった。これは「企業勃興」と呼ばれ、景気は「衰退」から「企業進取」へと転換した（高村直助編著『企業勃興』）。この間米価は、豊作が続いて低落していたが、好景気による通貨膨張により物価は上昇し、米価も八九年後半から上向きになった。

これに拍車をかけたのがこの年の凶作であった。八九年九月には暴風雨による水害があり、全国の生産量は前三年の平均三八六一万石に対し三三〇〇万石に落ち込んだ。また米の輸出が活況を呈していたから前年産米は残り少なかった。このため、同年の不作を「導火線」として、翌九〇年半ばにかけて米価は「実に破竹の勢い」で騰貴したのである（田口晋吉『米の経済』）。

すなわち、一石あたり五円台前後を低迷していた米価は、翌九〇年一月には七円台半ばに上昇した。これをみた投機家たちが「奇機乗ずべし」と動きだし、豊作続きで「五、六年来米価下落し米商市場眠れるが如き市場」はにわかに活況を呈した。京阪地方には買い占めを行うものも現れて、四月の米価は九円を超えた。さらに騰貴は続いて六月には一二円五〇銭という、まれにみる高値となった。

富山の米価暴騰

急激な上昇を続ける米価は社会不安をもたらし、買占めを行う米商人に対する反感が強まった。一八九四年（明治二七）に刊行された岡勇次郎著『日本米穀之将来』は、この米価騰貴が米商人の不当な買占めの結果であり、「大に米商に恨を醸し」たと述べている。政府は外国米を払い下げるなど、いくつかの対策を講じたが効果はあまりなかった。

米価の高騰は消費者を直撃した。新聞記事によれば、東京の「細民」はまず安価な輸入米を買い入れたが、それも次第に高値となったため甘藷の屑を粥に混ぜた。しかし「最早荷不足」となり馬鈴薯を食する者が増えたが、その芋の値も「日増に上」って「大に困難」であると伝えている（『読売新聞』〈以下、『読売』と略す〉一八九〇・六・一二）。

一八九〇年一月には富山市で米価高騰に苦しむ人々が、市役所や資産家に救助を求める運動を起こした。さらに同年四月からは鳥取・新潟・福島・山口・京都・石川・福井・滋賀・愛媛・宮城・奈良の各府県においても、米価高による騒動が発生した。とくに新潟県佐渡の相川町では、六月末から七月はじめにかけて鉱夫ら二〇〇〇名余が蜂起し、その鎮圧のため軍隊が出動するほどであった。

富山県は米作地帯で、旧藩時代から大坂方面へ移出米を多量に搬出していた。明治中期には、販売市場として新たに東京と北海道が台頭し、その後は北海道市場の占める比重が高まり関西方面への移出は減少していった。高岡に近い伏木港からは大量の米が積み出された。米積出の主体は藩当局から商人へと代わったが、「倉から米が出るときは米価高し」という素朴な観念は変わらなかったという（吉河光貞『所謂米騒動の研究』）。さらに毎年七、八月は不漁の時期にあたるが、これは米価が上昇する米の端境期に重なった。

このため、一九一八年（大正七）の米騒動の前にも、米価の高騰による紛争がしばしば繰り返されていた。富山県警察部が一八年八月に作成した「富山県下における米に関する紛擾一覧表」によれば（同前）、凶作・米価騰貴のため一八七五年には、魚津町・上市町・四方町で数百名の「細民婦女」が海岸の米倉庫に押し寄せたり豪商に救助を求めて乱暴を働いた。また八〇年・八一年に米価が高騰したときも「示威的運動」があったが、篤志家が救助したり、火消し組が出て鎮撫して事態が収まることが多かったからである。「不穏」の状況にはいたらなかった。役場や有志の寄付により粥の炊き出しをしたり、

一八九〇年の米騒動

しかし一八九〇年（明治二三）に米価が高騰すると大きな騒動が起きた。富山県下の富山市・東岩瀬町・東西水橋町・魚津町・新湊町・伏木町・高岡市では「細民」が集団となり、「米価の騰貴は地方米を輸出せし為なり」と唱えて豪商や役場に救助を訴えた。

高岡市と伏木町で起きた騒動を、当時の地方紙『富山日報』の記事からみよう。伏木は高岡に隣接する港町で、米の県内最大の積み出し港であった。米価が実際に高騰しているにもかかわらず、高岡の有力商人らが大量の米を移出するので、高米価に苦しむ人々は不満を募らせた。

六月七日夜九時頃、伏木に隣接する高岡市では「貧民」四〇〇～五〇〇人が「隊伍」を組んで有力な商家に押し寄せ、「米価の斯様に騰貴するは貴様等の所為なり」と怒鳴り立てた。警察署から数名の巡査が出て「制止」したが鎮まらず逮捕者も出た。同じ頃、同じ

く米の移出地である山口県の馬関（下関）でも、一一〇～一二〇名が米商会所に詰めかけて米穀商を打ちこわし、市内は「不穏」となっている。

また六月一二日の夜には、市会議員と米穀商などの家に押しよせ、一三日夜には六〇〇名の男女が「隊を組」んで「富裕家」に、米価を下げなければ「誰れ彼の用捨なく家屋を破壊すべし」と唱えた。巡査の「鎮撫」も聞き入れず各所の米穀商に迫って「強求」したが、署長以下の「非常の尽力」によって深夜一一時頃には引きあげた。同夜は、同じく港町の新湊町放生津でも二五〇人が米穀移出仲買商の江尻七郎右衛門方に押し寄せ、「何故米を他国に積み出すか、米が高くては飢えて死ぬより外はない」と口々に叫んだが、巡査の出張によって一二時頃には沈静したという。

襲われた高岡の米穀移出商

しかし六月二〇日には大きな騒動となった。群衆のねらいは米の有力移出商人たちであった。伏木港から「数百石の米を外国に輸出するとの虚報」が流れたため、伏木町の「貧民」が集会して「今にも不穏の模様」になった。いったん、収まったかにみえたが、今度は隣接する高岡市の貧民二千数百人が、棍棒や鳶口を持って喊声をあげて「蜂起」し、豪商に押し寄せて打ちこわしとなった。警官は「必死となって」鎮圧に尽力したが、「力竭きて」石動警察署へ巡査の応援を求めたという。

群衆は高岡市近傍（きんぼう）の村にも火を放って応援を阻み、市中では屋根から瓦を投げつけた。また木船（きふね）町の有数の豪商菅野伝右衛門方に石油をかけて火を放つほか、米の移出を行う商人木津太郎平や林善次郎ら数名と米商会所を襲撃した。騒ぎは翌日未明（みめい）まで続いた。

当時富山県の産米は、伏木港から北海道に向けて大量に移出されていた。襲撃された商人は、その取引に従事していた。この事件後、七月一一日付の同紙によると、木津は、「いま利益のあるのを捨てて安く売り渡すのはとても承諾できない。ことに北海道へ米を積み出さないと所有する船も遊び、商売にならない」と語り、また林も「こういう時に利益をあげるのが商人の習い、我々の米を買い受けなくても農家にはたくさんある」と開き直っている。

輸出から輸入へ

一八八九年（明治二二）の凶作と翌九〇年の米価高騰は米不足の到来、いいかえれば米穀輸出の後退、米穀輸入の増加という変化を端的に物語るものであった。大量の米穀輸出を可能とするような需給関係は、転換しはじめたのである。九〇年代に入ると国内米価が上昇し、ヨーロッパへの輸出は不採算となることが多くなった。なお九一年・九九年のように豊作のときにはかなりの輸出があったが、八〇年代末のような一〇〇万石を超える大量の輸出は九〇年代以降にはなくなった。

一八九〇年秋の収穫は幸いに大豊作となり、高騰した米価は一挙に下がって九一年以降は七円台の低位に落ち着いた。しかしこの九〇年の米穀輸入量は、一九三万石というかつてない膨大な量を記録した。政府は米の輸入を確実にするため、三井物産や日本米穀輸出会社など三社に外国米の買入れを命じた。外国米輸入を請け負おうとする各地の商人からの請願を政府が「断然謝絶」したのは、買入競争により外国米価格が騰貴するのを避けようとしたからである（『読売』一八九〇・五・一二）。こうして横浜港・神戸港には輸入米が続々と入港した。

日本本国（北海道から九州まで）の四つの島とその周辺の島々の米穀生産では、そこに住む人々の消費量を賄（まかな）えないことが次第に明確になっていった。この事態を『米界資料』は、日本米だけでは平年作でも「幾分の不足」となり朝鮮米や外国米の供給によって「漸く需給を調和し得る」状態であり、米価は「到底往年の安値を許さゞる趨勢」となったと述べている。また九六年に刊行された田口晋吉著『米の経済』は、現在の状況がそのままますすむと、日本国内の供給量では需要量を満たせなくなると予想した。

豊凶の差が大きかったから、米不足の需給状態は一八九〇年のような凶作のときに明瞭に現れた。逆に豊作の時には輸入は一時不要になった。年間一〇〇万石を超える輸入は九〇年代に四回あったが、一九〇〇年代になると連年超過して大量の輸入が恒常的になったのである。

朝鮮米の品質

はじめ輸入米に大きな比重を占めたのが朝鮮米であった。一八九〇年（明治二三）の米価暴騰を画期にその輸入が増大したが、それ以前はむしろ日本が朝鮮（一八九七年まで李朝による朝鮮国、同年から大韓帝国）へ米を輸出していた。八九年の日本の凶作、九〇年の朝鮮の大豊作をきっかけにして、輸出入の関係が逆転したのである。しかも朝鮮米の対日輸出はそれ以後、次第に拡大していった。

朝鮮米は比較的国内の日本種に類似し、東南アジアから輸入する「外米」よりは、はるかに日本人の嗜好（しこう）に適していた。岡田重吉著『朝鮮輸出米事情』（一九一一年）は、明治後期の朝鮮米について次のように述べている。

元来朝鮮米はその品質が「良好」で、形状・光沢・味質は日本米と異なるところがない。したがって日本人の「口に適し」、一見して異なる点を見出すことは難しい。……品質は日本米と外米の「中間」にあり、日本米の「中等品」に類似すると推定される。……

ただし、収穫後の脱穀や調整が「粗漏」であったため砂が混ざり、三割の異物が混入していることすらあったという。

国内の「中等品」に相当するが、価格は日本米より安価であったから、朝鮮米の需要は急速に高まった。日露戦後には日本種が朝鮮の地に導入され、それが一九一〇年代に広まると、朝鮮米の品質はさらに日本人の嗜好に適するようになり（東畑精一・大川一司『朝鮮米穀経済論』）、その輸入は、ほかの外国米を圧倒するようになった。

朝鮮米取引の増大

朝鮮米の取引は、朝鮮内の仲買商が日本人輸出商に売り込む形態であった。仁川港の場合をみると、産地から同港に出荷された米は、両商人の間で見本によって取り引きされた。商談がまとまると現物を検査・確認して俵装し、日本人輸出商が現金で買収した。日本人商人は朝鮮米を求めて続々と朝鮮半島に渡ったのである。とくに一八八五年（明治一八）に日本が韓英修好通商条約に均霑して、日本人商人の朝鮮内地旅行・行商の制限が撤廃されると彼らの米の仕入が活発化した（唐沢たけ子「防穀令事件」『朝鮮史研究会論文集』六、吉野誠「李朝末期における米穀輸出の展開と防穀令」同一五）。

韓国における対日米穀輸出の活発化は、同国の社会にも多様な影響を与えた。日本への米穀輸出が有利になって米価が急速に上昇するにしたがい、九〇年代から米の作付が拡大し、また農民は少しでも多く米を販売するため米の消費を控えるようになった。日本国内の新聞記事は、次のようにそれを伝えている。

> 今から一五年前の朝鮮の米価は、朝鮮枡一升で僅かに韓銭三〇文に過ぎなかった。しかし輸出増にしたがって次第に騰貴し、現在は……高価となった、……米価が大いに騰貴したため「荒蕪地」の開墾がさかんになり、また以前「米食」をしていた者が米価が騰貴して他の穀類を食料とせざるを得なくなったため、麦・粟・黍・蕎麦などの耕作も次第にすすんだ。（『読売』一八九二・一一・七）

また、不作になると韓国の米価、次いで麦価は激しく騰貴して、中下層民の生活を苦しめるようになった。一九〇三年には、〇一年の大凶作以来の米作不良に麦の凶作も加わって米価と麦価が高騰した。このため韓国の警務庁は、「細民の窮状座視するに忍びず」と一升あたり三六銭以下で販売するように宣言したが、これはかえって米の出回りを阻害する結果となった（同前、一九〇三・八・四）。

このため、韓国でも東南アジア産の安価な外米の輸入が活発化した。一九〇一年の大凶作に際して韓国政府は、フランス商人と契約して安南米輸入を開始した。安価であったため一三万六〇〇〇石を売りつくし、米価の騰貴を抑えるのに「最も著しき効果」を発揮したという（同前、一九〇三・八・四）。

外米の味

東南アジアから日本に、大量に輸入されるようになったのが「外米」である。それは英領ビルマのラングーン（現、ヤンゴン）米、仏印のサイゴン（現、ホーチミン）米、そしてタイ米であった。

外米は「南京米（ナンキン）」とも称され、明治初年には輸入がはじまっていた。南部助之丞（なんぶすけのじょう）編『米相場考』などによれば、一八六九年（明治二）から米価が騰貴したが、翌七〇年に豊作で米価が下落していたサイゴンから、「南京米」が「多分」に輸入されたことが記されている。

とくに多量に輸入されたのがラングーン米とサイゴン米であった。外米はインディカ種に属していたから、ジャポニカの日本米とはかなり質や味が違っていた。

> さてその味といえば実に言語道断で、冷飯になればバラバラになって喉を通らない。米と名づければ米だが、その実米ではなく「一種異様の穀物」である。……（『読売』一八九〇・四・一五）

さらに『米の経済』によれば、外米は上等なものでも「一種の臭気（しゅうき）」があった。このため、日本米に混ぜたりせず、外米だけを食するのは「下級人民」のみといわれ、「中級以上の人」は外米を食することを「何となく不名誉らしく感ずるの傾」があった。

このように、外米の消費には一定の限界もあったことも確かである。一八九〇年には外米輸入が急増したが、東京府下ではこれまで外米を購入する者は少なく、羽田付近の漁民が少しずつ買う程度だったといわれる。同年には米価が騰貴し、需要者は増加して各所の白米小売商店での売れ行きが目立ったが、各商店ともに「南京米と記せる札」を立てることは憚られたという。また外米を買う方にも「何となく恥らう体」があり、夜になって買いに来る者が多く、井戸端でそれをとぐのも「人目にかからぬよう注意」する（『読売』一八九〇・五・七）という有様だった。

すすむ外米の消費

しかし、外米の消費量は着実に増加していった。米価の暴騰に困窮する人々には、安価な外米は救いとなった。米価が高騰した一八九〇年（明治二三）には、東京浅草と大阪難波の政府倉庫（官廩）ではしばしば外米の払い下げがあったが、その量は約三〇万石にのぼった。この外米で「飢餓を免かれたるもの、果して幾十万人なるを知らず、其の効亦大なり」といわれたように、その効果を発揮したのである（平田純一郎『米商宝函』）。

また「近年白米商が三等白米以下には必ず之を混入する」というように、白米小売商は、中下等米には一般に外米を混入して量を稼いでいた。このため、「各自知らず識らずに」外米を食しているともいわれた。

また田口晋吉著『米の経済』には、外米の食べ方の工夫も記されている。麦を混ぜれば臭気が減じ、炊くときに塩と砂糖を適量加えると「其味甘美にして本邦米に譲らず」というものもあった。そのほかにも、といだのちに一昼夜水を替えながら浸し、水を多めに弱火で炊き、吹きこぼれる頃にさらに水を注いで「トロ〳〵火」で炊きあげたり（『読売』一八九〇・五・一〇）、外米一升につき一合の割合で糯米を混ぜて炊くという方法である（同前、一八九〇・九・二〇）。いずれも臭気を抜いたり、粘りをだす秘策であった。こうして、一八九〇年代以降輸入が増加し、接する機会が増えはじめた外米への関心は高まっていった。

台湾米の移入

日清戦後に植民地となった台湾は米の産地であった。植民地化した一八九五年（明治二八）は、日本の米不足が本格化しはじめた時期にあたる。ただし、台湾米の在来種の多くは外米と同様インディカ種であった。このため国内でははじめ、未知の商品台湾米の評価はきわめて低かった。

当時台湾からの移入米は外米のように「品質粗悪」で、「商品価値」が低かったため日本国内の市場における地位は「至って貧弱」であり、ごく少数の台湾米移入商のほか一般の米穀商はほとんど取引しなかった。

といわれている（『台湾米取引問題に就いて』）。また台湾の在来品種は乾燥や調整が不十分で籾や土砂を含んでおり、これも円滑な取引を妨げていた。

しかし国内では、台湾米を日本米に混合して消費がすすんでいた。外米ほど長粒形でない台湾米には、日本米に混ぜても識別しにくいという利点があったのである。『米界資料』は次のように述べている。

> 台湾米は品質極めて粗悪といわれるが、粒形は外国米ほど長くない。日本米に混入しても一見識別できないので、都市の白米商が、四等米以下の白米に台湾米を混交して売り捌く慣習は、今や公然の秘密である。東京でも四等米以下には必ず台湾米を混入するので、混合用としても需要が急増している……混合量は極めて少量で二割を超えないという。食味がよくないので多量の混入は全体の味わいを損するからだ。故に台湾米の国内需要は独立したものではなく、下等白米の混合用としての需要である。

米食のひろがり

都市の米食

米消費量の趨勢

米穀貿易が一八九〇年代に輸出から輸入に転換したことは、拡大する米の需要に国内の生産が追いつけなくなったことを意味した。しかし一八八〇年代後半の「連年豊作」ののちも、米作はかなり順調な発達を続けている。図2（一六ページ）に示したように、米作は右肩上がりをほぼ持続したのである。したがって、生産の伸びを上回る米消費の急速な拡大が、米不足に陥った最大の原因であった。

図4は一八七〇年代末から一九三〇年代末にいたる、年間一人あたりの米消費量の推移を示したものである。篠原三代平（しのはらみよへい）著『長期経済統計』六の数値を用いた。

aは国内生産量（前年の収穫量）に輸移入量を加え、輸移出量を差し引いた数値を人口

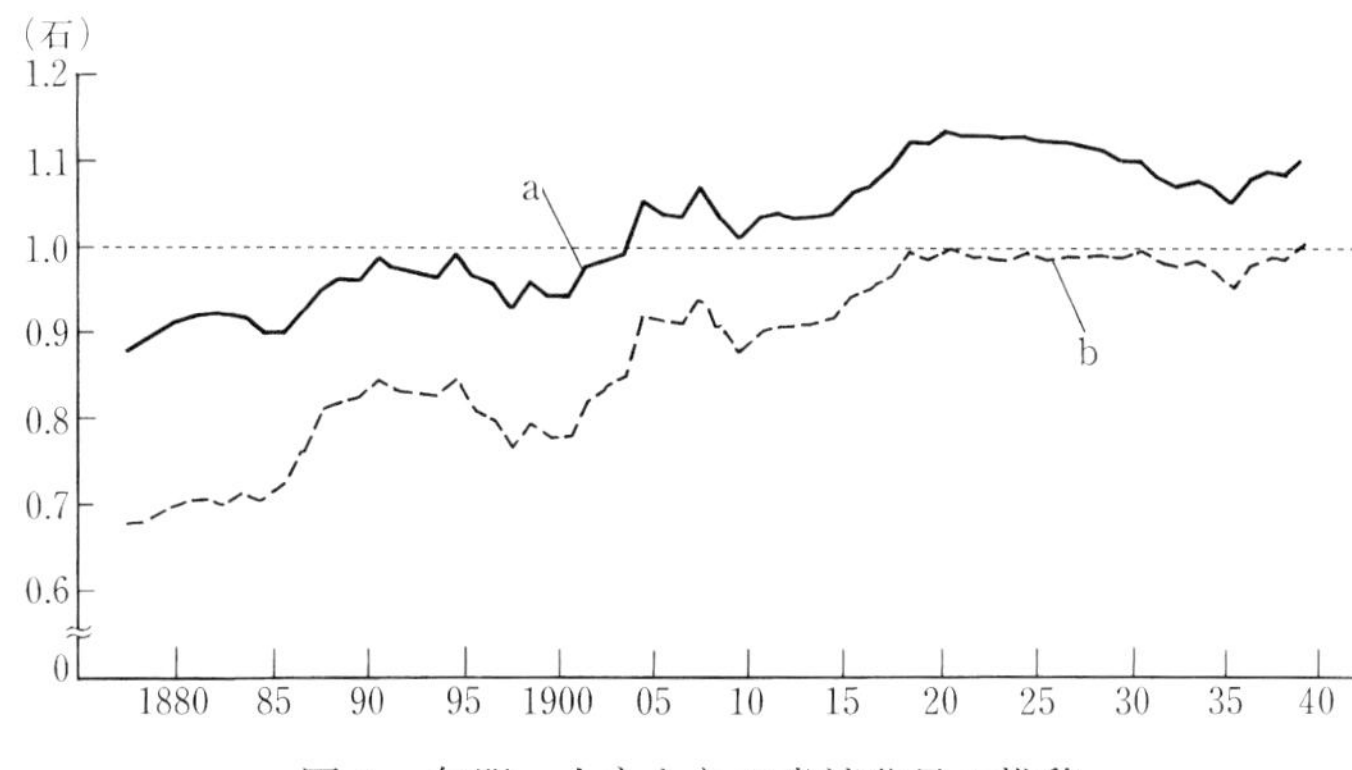

図4　年間一人あたりの米消費量の推移

（出典）　篠原三代平『長期経済統計』6 個人消費支出、梅村又次ほか『同』2 労働力（東洋経済新報社、1967・88年）をもとに作成。

（注）　図中の a は供給可能量＝国内生産量＋輸移入量－輸移出量、b は飯米用＝a－清酒原料×２。数値はすべて５ヵ年移動平均値。

で除したもので、飯米以外も含めた米の年間一人あたり総消費量である。bは飯米（もちを含む）に用いられた玄米の数量であり、主食として消費された飯米消費量の推計値である。総消費量aから控除されるのは、酒・麹・味醂・菓子などの原料、および種籾として用いられた量である。cはその量を白米に換算したもので、bに一律に〇・九二を乗じている。いずれも、豊凶による短期的な変動を相殺するため五ヵ年移動平均値を用いている。

　以上のようにして作成したこの図4をみると、一八八〇年代後半から一九一〇年代末にかけての上昇傾向が明確に読みとれる。小さなピークが一八九〇年前後と一九〇五年前後にあり上昇の趨勢は一様ではないが、この間を通じて消費が顕著に拡大していったことが明瞭である。その後一九二〇年前後から、上昇傾向は比較的平坦な局面へと転じ、三〇年代末にいたるまで、三〇年代前半を小さな谷とするが変化は乏しくなる。

この図4によれば、a・bの数値の乖離が時期を遡るにしたがって大きくなっている。一九二〇〜三〇年代はじめと比較すると、明治前期、とくに一八七〇年代末から八〇年代はじめには、かなり大幅なものになっていることがわかる。

大蔵省国債局と大日本農会の調査

このため、図4とは別のデータによって飯米消費量を検討する必要があるが、一八七九年（明治一二）と一八八六年に、一人あたり飯米消費の絶対量を示す資料が存在する。七九年の数値は大蔵省国債局（大蔵省主計局『米価ヲ平準ニスル方案』一八九二年、など）によるもの、八六年の数値は大日本農会（平野師応『農事統計表』大日本農会、一八八八年）によるものである。

前者は米の消費高を「郡村」と「市街」に区分して調査している。調査方法は不明だが、「哺乳児」を除く年間一人平均消費量として「郡村」は〇・七六一三石、「市街」は一・二一八四石という数値を記している。全国平均の数値は記載されていないので、当時の都市と農村の人口比に応じてこれらを加重平均すると〇・八石余の数値を得る（都市人口は梅村又次他著『長期経済統計』一三による）。ただし、「哺乳児」が控除されているから、その数値は若干高めになっていると考えられる。

後者のデータを用いても供給合計三七二〇万石から酒造原料・酒麴原料・輸出量・菓子類など原料の合計二六六二万石を差し引いた三一六七万石が、飯米として消費されたと仮定すると、同年の人口三九一八万人で除して年間一人あたり〇・八〇八三石という数値が導かれる。ただし種籾が含まれていないので、これもやや高めの数値となっていることが予測される。

このように、いずれの方法によっても、やや過大な数値である可能性が高いが、〇・八石台の数値が得られた。図4のbと比較し、〇・八石という水準は、七九年・八六年ともに〇・一石ほど上にある。ただし、さらに考慮に入れるべき要素として、両年の作柄がある。供給合計のうち国内の生産量は、持ち越し、繰越（くりこし）量が計上されていないので単年度内に生産消費されるという仮定のもとに推計が行われているから、豊作であれば一人あたり消費量は多めにシフトすることになる（大豆生田稔「産業革命前後の主食消費」『白山（はくさん）史学』四二）。

明治前期の米消費量の推計

そこで、一八九〇年（明治二三）初版の南部助之丞編『米相場考』によって両年の作柄をみると、まず一八七九年は前年収穫が凶作であったため米価が騰貴していたところに、「各地十分の豊作」となったため農村は「富饒」となり「兎角に景気良く越年」した。すなわち、地租改正による地租金納と米価の騰貴が実質的な負担減をもたらし、「米価騰貴のため是迄一石を売りて地租を納めしものも五、六斗を売りて事足」りるようになったため「作米を売急がざる」傾向が生じており、そこに豊作が重なったのである。農村では好況のため、農家が「購買を増」し「貨物の都会へ出ずべきものは却て地方に留まり、都会に留まるべきものは却て地方に散じ、平年と大に其趣を異にせしものあり」といわれた。同年には、好景気のため例年になく農村の購買力が増加し、米の消費量も拡大したと思われ、したがって算出された数値はさらに高めになったと考えられる。

また一八八六年は、八四年の凶作をはさむが、八〇年代半ばに連年続く豊作のさなかにあった。米穀輸出が急速に拡大したが、豊作による供給増加のため国内には産米がだぶついていたと推測される。したがって、この年の前後にも一人あたり消費量は高めに出たと想定される。

以上から、一八七九年および八六年のデータから算出される〇・八石という数値は、いくつかの要因が重なって、やや高めと考えるのが妥当であろう。図4の数値とあわせて勘案すると、八〇年代前半の数値は玄米ベースで、bのラインをやや上方に修正させる必要があるかも知れないが、〇・八石を超えることはなかったと考えられる。

幕末・維新期と一九二〇年代

それでは明治前期にいたるその前の時期、幕末の米消費量はどの程度であったのだろうか。この時期を対象とする全国的なデータは少ない。ここでは、先にみた『農事統計表』に掲載されている「既往ト現今ト常食物ノ比較ヲ示ス」という付表（次ページ表3）を参考にする。

ここには、一八六一年（文久元）・七〇年（明治三）・七九・八六年の常食（米・麦・雑穀・甘藷・その他）の構成比率が掲載されている。ただしその算出の根拠や調査方法などはいっさい記されていない。また、米食率五割前後という数値は、図4や先の明治前期の検討からするとやや低い（鬼頭宏「江戸時代の米食」『歴史公論』九―四）。ただし、一八六〇年代から八〇年代にいたる二五年間は、米食比率が微増にとどまったことが確認できる。もちろん、「文久元年ト明治三年ハ其年ノ調査ニ非ス、十二年調査ノ際十年前、二十年前ノ概況ヲ推測セシモノナリ」と同表に付記されているように、六一年と七〇年の数値は

「推測」である。しかしそれは、実際に調査を行なった七九年に過去を振り返り、その十数年間に大きな変化はなかったと認識して出された数値である。幕末～明治前期において、米食の割合、おそらく絶対量もそれほど大きな前進はなく、きわめて緩やかな上昇にとどまっていたといえよう。

また一九一〇年代末以降は、一人あたり消費量は停滞局面に入る。これは米消費量が上昇した結果一定の水準に到達し、頭打ちになったものと考えられる。一九二〇年代の数値は、調査が整い多様な用途別の消費量が得られ信憑性は増す。一九二〇年代には、主穀としては小麦の消費が伸びたり、また副食物の消費が拡大して米の消費量が停滞・後退しはじめる。およそ年間一人あたり玄米一石の水準であり、戦前期のピークに到達したといえる。産業革命前後の時期の上昇局面が終わり、安定した局面に入ったのである。

表3　常食構成比率の変化

年次	米	麦	雑　穀	甘　藷	その他
1861	47%	28%	19%	3%	3%
1870	50%	27%	17%	3%	3%
1879	53%	27%	14%	5%	1%
1886	51%	28%	13%	5%	3%

（出典）　平野師応編『農事統計表』（大日本農会、1888年）62～64ページをもとに作成。

以上から、一八八〇年代後半から一九一〇年代末にかけて、年間一人あたり米消費量の顕著な上昇傾向を確認することができよう。

都市における米食の一般化

年間一人あたりの米消費量の上昇は全国の平均値をみたものであり、地域によって大きな偏りがあった。都市と農村との間、および階層間に広がる格差である。都市では明治初年にはすでに、米食が中心になっていた。農林省米穀局が、各道府県における明治初年から一九一八年（大正七）頃までの主穀の消費状況を調査した『道府県に於ける主要食糧の消費状況の変遷』（一九三九年、以下『変遷』と略す）は、都市と農村の主食について次のように記している。

> 明治初年に於ける主要食糧の消費状況は今日に比し著しき相違があった。即ち米を単用せるものは僅に旧城下市街地の一部に限られ、一般農村特に山間地方に於ては麦其の他菜・稗・黍及蕎麦等の雑穀類、或は蘿蔔・里芋等の根菜類を混炊し、之に多少の米を混合して使用するのを恰も其の天分の如く心得ていた。

都市では米食がすすみ米飯の主食が一般的であった。一九〇一年（明治三四）に刊行された平出鏗二郎著『東京風俗志』（冨山房）は、一九〇〇年頃の東京市街地の「常食」について述べている。都市では米食が一般的で麦飯はまれであった。麦飯を食べるくらいなら死んだ方がましという「江戸っ子」、農村から東京市中に嫁いだが里帰りして麦飯をいやがる女性、いずれも米だけの主食に馴れ親しんでいたのである。

> 都人の常食は米飯にして、麦を交ふるは少く、偶まこれあるも多くは挽割を以てす。都人は実に麦飯を嫌へり。「麦飯喰うくれえなら死んだ方がましだ」といふ江戸ツ児あれば、里帰りに「一番困ツちまうのは麦飯なのよ、お母さん、どうかして麦をいれないやうにさう言つて下さいな」とだゞを捏る花嫁をさへ見る、炎天汗だら〳〵になりて、耘耕を務むる農夫の、四分六の麦飯を弁当にすることなどは、殆ど彼等の夢視せざる所なり。

当時は副食物が少ないため主食の消費量が多く、すでにみた「市街」のデータのように、都市の一人あたり年間米消費量は一石を上回っていた。これは一日三合ほどにあたる。夏目漱石の『道草』は一九一五年六月から東京・大阪の『朝日新聞』に連載されたが、そのなかに、風邪をひいて食欲のない主人公、健三が朝食をとる場面がある。

> 勇気を鼓して食卓に着いて見たが、朝食は少しも旨くなかった。いつもは規定として三膳食べるところを、その日は一膳で済ました後、梅干を熱い茶の中に入れてふうふう吹いて呑んだ。

ふだんは朝食に三膳食べていたのである。

都市間の格差

ただし都市の間には米消費の程度に大きな差があった。一八八〇年代の全国の区（都市部）の米食率を示した次ページの表4によれば、都市の数値は概して高く一〇〇％のところが多いが、熊本・広島・和歌山・山口などは低くなっている。最低の熊本では雑穀や甘藷の占める割合が高く、広島・和歌山・山口でも麦や雑穀が比較的多く食された。これらの都市では、農村地帯を含む県域でもやはり低い数値になっている（六四・六五ページ表5）。地方都市における主食の消費動向は、その周辺の農村地帯の食生活や農産物の影響を強く受けていたものと思われる。

しかし、米消費の割合が低い都市でも、明治末になるとそれは次第に高まっていった。たとえば明治初年の広島市、および広島県の地方都市における麦飯の普及と、日露戦後の米消費の進展については次のとおりであった。

> 明治初年頃に於ては県下一般を通じ農村は勿論、都市と雖も、住民は麦飯を常食と為し（麦の混合割合は農村に於ては六、七分、都市に於ては五、六分）……日露戦争以後一般の好況に伴ひ米の消費は著しく増加した。即ち広島・呉・尾ノ道・福山等の市街地に於ては一般に米飯を主とし……

このように、米食率が低かった都市でも、明治末からは次第に米消費が拡大していった。

表4　都市別米食率・混食率の割合

都市名	米	麦	雑　穀	甘　藷	馬鈴薯	その他
東京	100%	—	—	—	—	—
京都	99%	1%	—	—	—	—
大阪	100%	—	—	—	—	—
横浜	85%	6%	4%	3%	2%	—
神戸	90%	5%	2.2%	1.2%	1.1%	0.5%
長崎	100%	—	—	—	—	—
新潟	100%	—	—	—	—	—
名古屋	91%	9%	—	—	—	—
仙台	100%	—	—	—	—	—
金沢	90%	4%	3%	2%	2%	—
岡山	80%	20%	—	—	—	—
広島	60%	30%	2%	8%	—	—
山口	70%	15%	10%	3%	2%	—
和歌山	67%	25%	—	8%	—	—
福岡	80%	20%	—	—	—	—
熊本	50%	10%	30%	10%	—	—
札幌	100%	—	—	—	—	—
小樽	100%	—	—	—	—	—

（出典）平野師応編『農事統計表』（大日本農会、1888年）62〜64ページをもとに作成。

さらに都市内には顕著な階層差があった。最下層はその日の食事すらおぼつかなく、その日暮らしに少量ずつ米を買い、残飯やイモなど、米食にはほど遠い食生活を営む者も多かった。

下層民の食事

彼らはその日一日の稼ぎで当座の必要量を購入したので、一食分、もしくは一日分程度の少量を購入する者が多かった。一八九七年（明治三〇）頃、下層民の集住する東京市芝区新網町で最も「繁昌」した「白米商玉屋」の朝夕の雑沓は、「あたかも魚河岸の市場を観る」ようであったが、多くの「貧民」が、「一合五勺おくんなさい」、「三銭だけ」、「三銭三厘だけ」とごく少量の米を求めに来たという。「一度に三合、五合を求むる者はほとんどまれ」であった（「昨今の貧民窟」、中川清『明治東京下層生活誌』）。

『読売新聞』は一八九一年八月、九回にわたって「都下貧民の惨況」という記事を連載し、「貧民」の生活の実態を各区ごとにえがいた。「食物」の記事をみると、下谷区では食事の回数は収入があるときは三回だが多くは二回、「南京米」の粥は「上等」の方で、麦・粟・蕎麦の粉や、おから・甘藷などを食するものが多かった。副食としてイモ・大根・人参・蓮根や古沢庵の切れ端を雑炊として食した。また本郷区の「中等の貧民」は日々外米や麦・粟に甘藷の切れ端を混ぜて食するものが多く、「下等米」すら口にするものはほとんどなかった。芝区の新網町では雨天が続くと三食は「殆ど稀」となり、一、二食で「一命を繋」いだという。ただし深川区では、「麦飯、豆腐糟を喰はんよりは寧ろ米食の三度のものを二度に減ずる方可なり」などと「痩我慢を張る」ものも多く、「貧民」は「気位」が高かった。その理由は麦飯などでは苛酷な労働に耐えられないからだという（『読売』一九一二・四・二五）。

女工の食事

一九〇〇年（明治三三）頃のことを記した農商務省商工局編『職工事情』には、工場労働者の食事の様子が記されている。寄宿舎で生活する女工の食事をみると、紡績工場では「通常米飯にして稀に麦飯の処」があり、副食物は「野菜・乾物」を主とし毎月「数回」は小魚類が供されるのが「普通」で、まれに「毎週肉類を給するもの」もあった。また製糸工場では「概して粗悪」な食事で、一大製糸業地帯である長野県の諏訪地方では、「飯は米飯にして副食物は味噌汁と漬物とを常例」とし、「時々野菜」、「稀に乾魚」というものであった。ただし、いずれも主食は米飯で、味噌汁や漬物が副食としてそれに加わっている。

女工の食費は工場経営の重要な事項であった。のちに東洋紡社長となる関桂三には、「大阪紡績から三重紡績と合併した東洋紡績の用度課長時代に、安い朝鮮米を工場用として移入した思いつきが、彼の出世の糸口となつたのだという噂」（『関桂三氏追懐録』）があったという。労働がきついと賄（まかな）いの食事では足りなかった。紡績工場の周囲では焼き芋屋が繁盛したといわれ、次のような光景もみられた。一八九〇年代はじめの様子である。

> 芋屋の店先にて、ふかし芋などむしゃぶり喰う様より思えば、好んで洋服を着たる孑孑（ぼうふら）女学生か、それにしては理屈っぽき顔色に乏し。何者ならんと路人に問えば、鐘淵（かねがふち）紡績会社の職工なりと。（「貧天地饑寒窟探検記抄」、中川清『明治東京下層生活誌』）

焼き芋屋の繁昌

一九〇三年（明治三六）末の新聞記事によれば、下谷万年町（まんねんちょう）二丁目には大矢明誠という甘藷屋があり、「貧民が常食の不足を補ふ店」といわれた。甘藷を貫目で買うのは貧民のなかでもまだ「上等の部分」であり、その切り屑を買って飯に炊き込んだり、子供の間食にする者もあった。買い手は先を争って、「未だ屑は出ませんでしょうか」と店頭へ詰めかけたり先約を申し込んだという（『読売』一九〇三・一二・六）。

焼き芋は下層民の代用食として盛んに食されるようになり、明治中頃から甘藷の消費量は大きく伸びた（大豆生田稔「米穀消費の拡大と雑穀」、木村茂光編『雑穀Ⅱ』）。焼き芋は、菓子の代わりとして比較的安価な甘味品であり、「書生社会のカステーラ、裏店社会の羊羹」という「称号」があったが（『読売』一八九一・五・八）、下層社会の代用食でもあった。つまり、年末年始になると餅に押されて売れ行きが落ちる焼き芋が、九一年末には売行好調であったのは、米価が高騰したため代用食として食されたからである（同前、一八九二・一・二）。東京の下層には「芋を常食とする貧民」も多かったので、夏でも焼き芋屋を営む者が少なくなかったのである（同前、一八九一・八・一五）。

米価が高騰したときだけでなく、雨天が続くと屋外で働く日雇いなどの仕事が少なくなるため、焼き芋屋の店頭は賑わった。一八九七年の芝区新網町での活況は次のようであった。

焼き芋屋の繁昌もまた見物である。同所〔芝新網町〕には焼き芋屋が二、三軒あり、その時期には売れ方は平年で市中の三、四倍だが、本年は米価騰貴の影響でひとしお盛んで、売れ残ることは皆無の姿である。とりわけ雨天には彼らの多くはやむなく業を休んで平日通りの実入りがないので、常食の代用にしようと店前市をなすまでに入り合い込み合い雑踏は言語に絶する。（「昨今の貧民窟」）

甘藷の本場

一九〇五年（明治三八）の東京市中には、一三〇〇軒の焼き芋屋があるといわれた。同年の新聞記事（『読売』一九〇五・一一・二四）によれば、甘藷の産地は千葉県・埼玉県・神奈川県の順で、埼玉県は生産量二一〇万俵、東京への出荷は一一〇万俵を数え、うち埼玉県の川越（かわごえ）がそれぞれ六〇万俵、三〇万俵を占めた。川越は甘藷の「本場」と称され（同前、一八九一・六・一二）、同県の桶川（おけがわ）がそれに次いだ。千葉県の生産量は二〇〇万俵、うち六〇万俵が東京へ、一部は北海道にも出荷されたが、過半は県内で消費された。神奈川県から東京への出荷は一〇万俵程度であったといわれる。収穫は秋で九月から翌年四月までが「繁昌する季節」であった（同前、一九〇五・一二・二四）。

日本鉄道が開通すると、甘藷産地の関東から、東北地方への販路が開けるようになった。最大級の産地であった埼玉県は東北へ伸びる日本鉄道沿線に位置していた。桶川では有志者が会社組織をつくって集荷する「問屋営業」の企画もあったという（同前、一八九一・六・一二）。桶川駅には甘藷が多量に集まり、東北向けの輸送力はしばしば限界に達した。貨車の配車が滞ると駅に甘藷が「山の如く堆積（たいせき）」して腐敗し、「臭気紛々」として付近を通れないほどであったといわれる。

日本鉄道の一八九〇年度下半期の営業報告書は、埼玉県から東北地方への甘藷輸送の盛況を次のように述べている。

> 一八九一年二月に大きく販路を拡張したのは埼玉県地方の甘藷である。毎年各地へ輸送する量は少なくないが、第四区線（仙台以北）が開通し運賃を割り引いて岩手県地方へ輸出を試みたところ好結果であり、盛岡への輸送量は数百トンにのぼった。需要はますます増加する傾向である。（日本鉄道会社『第十八回報告』）

残飯屋の盛況

下層民の食料として大量に売買されていたのが残飯である。一八九九年（明治三二）刊行の横山源之助著『日本之下層社会』は、東京の「三大貧窟」といわれた四谷鮫ヶ橋・下谷万年町・芝新網町には、焼芋屋のほかに残飯屋があったと記している。残飯が下層社会で消費されたことについては、すでに多くの指摘がある（紀田順一郎『東京の下層社会』ちくま学芸文庫、など）。

また「都下貧民の惨況」によれば、神田区には残飯を求める多くの「貧民」が住んでいた。神田錦町や美土代町には兵営の残飯を取り扱う「残飯売捌所」があって、とくに雨天には売れ行きがよく、買えずに「手を空うして帰るもの」が一日に三〇〜四〇人も出るほどであった。残飯購入をめぐる喧嘩も多く、前日から容器と代金を預けて予約する者も

図５　四谷鮫ヶ橋の「貧民窟」（『風俗画報』1903年10月25日号より）

図６　残飯屋の店頭（松原岩五郎『最暗黒の東京』1893年より）

あったという。

また、四谷方面にも兵営や学校寄宿舎の残飯を販売する「残飯屋」が、鮫ヶ橋に四名、信濃町に一名、市ヶ谷に一名、また内藤新宿北裏町に一名おり、「学校飯」を三合二銭、「兵営飯」を同一銭で販売した。それぞれの売上は一日平均二円～三円、多い者は三円～七円であった。「多い者」のグループは「学校飯」を扱ったというから、仕入量は一日四斗五升～一石五升、顧客数は一人三合買ったとして一五〇～三五〇人分にのぼる計算になる（『読売』一九〇〇・八・一二）。

一八九七年の芝新網町をえがいた「昨今の貧民窟」によれば、残飯屋は兵営や工場などから仕入れて販売し、繁盛していた。

この諸兵営の残飯および副食物の残りは実に夥しきもののなるが、多くは府下の各貧民町にて売り捌きおれり。……もし一銭を購いてこれを粥となせば二人の口を糊するに足るという。されど弁当の余りなれば、魚の骨または沢庵の喰いかけ等混じおれるはもちろんなるに、彼らは少しも意に介するなきものの如く瞬間に売り尽くす、その繁昌は米屋、焼き芋屋の比にあらず。

残飯のランク

また、残飯にもランクがあった。「極上」は麦の混ざらない米飯のみの残飯で「白」と呼ばれた。造幣廠（ぞうへいしょう）や市中（しちゅう）の飯屋・料理屋などから出たもので一升三銭であった。一方、麦飯の残飯は監獄のもので一杯二銭、囚人が食べ残した外米と麦の麦飯で「犬も食わないような食物」であったという。

米価が上がると残飯の値も上がった。『日本之下層社会』冒頭の第一編は、東京の多様な「貧民の状態」をえがいているが、米価の高騰につれて上昇する残飯相場について、次のように述べている。

> 残飯があるから貧民には一般世人のように米価高の影響はない、という者があるが甚だしい誤りである。残飯量にも制約があり、米価の騰貴とともに残飯価格も上がるから、残飯に口を糊せる者にも同様に影響があることはいうまでもない。

したがって、残飯屋で購入できるのはなお「上等」の部類であった。それすら買えずに「芥溜（ごみため）に他人の遺棄せし食物を求め、之を拾ひ食する」者もいたのである（『読売』一八九一・八・一八）。

明治後期の残飯屋

明治末にいたっても残飯は都市下層民の重要な食料であった。下谷万年町には、午後三時頃から夕刻にかけて残飯売りがやって来たが、砲兵工廠や飲食店から出たものは腐敗しかけてて黄色く変色していたという。しかし定刻前には飯櫃をかかえて多くの人が待ち受け、数銭ずつ購入したのである。また「お菜」の残り物も売られ、「とても口の中へ入れられたものでな」かったが、売れ行きはよかった(『読売』一九〇三・一二・六)。

買えばすぐ食べられる残飯は、調理の必要がなく至便であった。米を飯にするには、米をとぐ桶、炊く釜や燃料が必要で、さらに費用を要した。したがって、「いっそ残飯を買った方が、値段も半額で、一日分で二日分の食料を得」られたのである(同前、一九〇五・六・二八)。外米より残飯が好まれることもあった。東京市内のスラムで「少しも外国米を口にしない」といわれたのは、「米も燃料も不要」の残飯が「外国米よりモットい、」ものであり「やすあがり」であったからである(同前、一九一二・六・一九)。

一九一二年(明治四五)前後の米価騰貴に際しても、深川区の極貧者は「米からの飯」を食べず、同区の「大規模の残飯屋」から残飯を求めた。市内の弁当屋や兵舎から仕入れたその価格は、「交ぜもののない飯」は一杯三銭、「沢庵切れや梅干切れの混って居る」のは一銭～二銭と安かった。彼らは「南京米を食ったのでは腹に力が入らず労働は出来ない」といって、外米よりは残飯を好んだのである(同前、一九一二・四・一五)。

農村の主食

農村の食習慣

一方農村では、米のみを主食とすることはきわめてまれで、米・麦・雑穀・イモなどを混ぜて炊いて食するのが一般的であった。ただし、畑作や裏作の展開の程度によって、米食の割合は異なった。また商品作物の栽培が広まるにしたがい、雑穀の作付（さくづけ）面積は減少していった。

農村の主食の構成にも大きな地域差があった。六四・六五ページの表5は一八八六年（明治一九）の調査にもとづいて、米食率の高い方から各府県を並べたものである。これによると、米食比率が最も高い地域は東北の日本海側および北陸である。これらの地方では畑作物である麦や雑穀生産量が少なく、しかも湿田（しつでん）地帯で裏作が限られていた。また明

29	兵庫	52.4%	35.1%	7.5%	2.6%	0.5%	1.9%
30	岡山	45.0%	41.7%	8.5%	3.6%	0.6%	0.6%
31	広島	31.7%	38.0%	16.0%	9.3%	—	5.0%
32	鳥取	56.4%	29.2%	6.7%	4.9%	0.8%	2.0%
33	島根	48.2%	27.5%	7.7%	9.7%	—	6.9%
34	山口	48.6%	30.9%	11.7%	7.2%	0.1%	1.5%
35	徳島	20.0%	44.0%	17.2%	13.6%	4.5%	0.7%
36	愛媛	38.1%	44.2%	7.7%	9.2%	0.2%	0.6%
37	高知	45.1%	25.4%	13.7%	14.5%	—	1.3%
38	福岡	50.3%	27.7%	16.2%	3.9%	—	1.9%
39	佐賀	53.3%	22.8%	14.7%	9.2%	—	—
40	長崎	19.7%	32.3%	15.8%	30.7%	—	1.5%
41	熊本	18.5%	29.0%	33.0%	19.5%	—	—
42	大分	35.8%	34.4%	19.1%	10.7%	—	—
43	宮崎	40.6%	24.0%	12.2%	17.0%	—	6.2%
44	鹿児島	28.4%	15.3%	22.3%	33.9%	—	0.1%
	平均	51.1%	27.0%	13.2%	5.7%	0.8%	2.1%

（出典）平野師応編『農事統計表』（大日本農会、1888年）62～64ページをもとに作成。

（注）香川県は愛媛県に含まれる。

表5　道府県別米食率・混食率の割合

	道府県名	米	麦	雑　穀	甘　藷	馬鈴薯	その他
1	北海道	67.0%	4.2%	11.1%	—	11.0%	6.7%
2	青森	64.1%	2.0%	33.6%	—	0.2%	0.1%
3	岩手	29.5%	15.7%	47.4%	—	0.6%	6.8%
4	宮城	59.1%	26.5%	6.9%	0.2%	—	7.3%
5	福島	71.9%	15.3%	7.1%	0.6%	0.5%	4.6%
6	秋田	81.4%	1.1%	17.0%	—	—	0.5%
7	山形	78.9%	11.2%	4.0%	1.7%	0.7%	3.5%
8	茨城	49.3%	35.6%	10.7%	2.9%	—	1.5%
9	栃木	51.0%	34.4%	12.3%	1.2%	1.0%	0.1%
10	群馬	46.0%	39.4%	12.1%	1.2%	0.6%	0.7%
11	埼玉	36.0%	53.5%	7.5%	1.9%	—	1.1%
12	千葉	63.3%	31.5%	4.3%	0.9%	—	—
13	東京	64.0%	28.0%	8.0%	—	—	—
14	神奈川	34.8%	36.7%	21.8%	4.0%	0.9%	1.8%
15	新潟	69.0%	10.8%	11.2%	0.8%	1.7%	6.5%
16	富山	82.8%	6.5%	9.1%	0.8%	0.8%	—
17	石川	52.8%	17.9%	16.6%	4.0%	2.7%	6.0%
18	福井	62.8%	21.9%	11.6%	0.5%	0.3%	2.9%
19	山梨	42.8%	34.9%	15.0%	3.1%	3.5%	0.7%
20	長野	57.3%	26.4%	13.0%	0.1%	1.0%	2.2%
21	岐阜	42.7%	31.9%	21.5%	1.3%	0.4%	2.2%
22	静岡	52.0%	29.1%	9.1%	7.5%	0.2%	2.1%
23	愛知	40.3%	40.0%	11.9%	3.8%	—	4.0%
24	三重	71.2%	17.7%	4.1%	6.7%	0.3%	—
25	滋賀	75.0%	18.0%	4.8%	2.1%	0.1%	—
26	京都	70.0%	26.0%	4.0%	—	—	—
27	大阪	60.5%	32.7%	3.3%	2.1%	0.4%	1.0%
28	和歌山	48.1%	37.3%	8.3%	6.3%	—	—

治期には産米改良がすすまず、米の商品化に一定の限界があった地域である。このため産地に産米がとどまり、比較的質の良くない部分が主食として食されたものと思われる。こうした地域に属する新潟県では、同県が一九一四年（大正三）に刊行した『越佐の米』によれば次のように、質の劣った不良米が自給的に食されていた。

> 不良米食用の習慣　本県は一般に生産者の生活甚だ低度なるを以て常に不良米を食用とするの習慣あり……農家自らは「イリゴ」米と称せる劣悪なる砕米を常食しつ、満足したりと云ふ。

また、秋田県南部の仙北・平鹿・雄勝の三郡地方に産する米は、乾燥が不十分で翌年初夏になると変質したため「秋田腐米」と呼ばれた。同県でも「従来より雑食、混食の慣習に乏しく、米価が著しく高騰したときに、僅かに外米を混食した程度である」（『変遷』）といわれたように、米食が一般に常食とされていたのは同様の事情による。

表5によれば、米食率が下がるにしたがって、麦や雑穀による混食割合が上昇する。ただし地域差が顕著であった。麦を混ぜる麦飯が一般的であったが、青森・岐阜では雑穀の割合が比較的高く、高知・宮崎ではイモの比重が高かった。米食比率が四割未満の県が一〇あるが、いずれも麦・雑穀の割合が高い。また鹿児島・長崎・熊本・大分・徳島では、

イモの割合がとくに高くなっている。

このように農村では米・麦・雑穀・イモなどの混食が一般的であった。こうした農村の米消費量と都市のそれとを平均したものが四三ページの図4の数値となっている。

農村の献立

農村内にも、いうまでもなく一定の階層差があった。一例として、岩手県と山梨県の農村を例に、「上中下」三ランクの三食の献立を示したのが次ページの表6である。

まず岩手県江刺郡藤里村では主食は、上も含めて麦飯であった。ただし、中と下には雑穀の粟が混ぜられている。また、中と下では米や麦を欠き麦と粟のみ、もしくは粟のみの場合もあった。副食物の階層差は明確であり、上は魚や豆腐がしばしば食されているが、中と下ではまれである。また、上では夕飯に酒が添えられている。次の山梨県西山梨郡清田村・国里村の主食はすべての層で「麦飯」である。米麦の混合割合に差があったかどうかはわからない。副食物には差があり、上は魚を食べるが中にはなく下は干物のみである。また下では味噌汁がなくなっている。いずれも、副食と比較すれば主食には大きな格差はなかったといえる。

しかし副食を含む食費には大きな格差があった。藤里村では一日あたり上（一四銭）は

表6　農村の献立と食事代

		岩手県江刺郡藤里村	山梨県西山梨郡清田村・国里村
上	朝	米・麦・味噌汁・漬菜類・肴若しくは豆腐等（5）	麦飯・味噌汁・干魚（又は他品）・漬物（4）
	昼	米・麦・味噌汁・漬菜類等（4）	麦飯・野菜煮染・漬物（4）
	夕	昼と同様、多少酒等もあり（5）	麦飯・野菜煮染又は魚類・漬物（5）
中	朝	米・麦・粟・味噌汁・漬菜類・肴は二日乃至三日に一回あり（4）	麦飯・味噌汁・漬物（3.5）
	昼	米・麦・粟・漬物類・味噌汁を欠くこと屡々あり（3）	麦飯・野菜煮染・漬物（4）
	夕	米・麦・粟・味噌汁・漬物類等（3.5）	麦飯・野菜煮染・漬物（4）
下	朝	米・麦・粟・味噌汁・ねり物・漬物・肴は一週間に一回（3）	麦飯・漬物（2.5）
	昼	米・麦・粟・漬物類、米等は屡々欠くことあり（2.5）	麦飯・野菜煮染・漬物（3）
	夕	米・麦・粟・味噌汁・漬物等にして、米・麦・味噌等欠くことあり（3）	麦飯・干物・嘗め味噌・漬物（4）

（出典）『巖手県江刺郡藤里村々是調査』（1913年）、『山梨県西山梨郡清田村・国里村村是』（1915年）をもとに作成。

（注）記載は出典の記載のままに記した。表の食事代（　）の単位は銭。

下（八銭五厘）の一・六五倍、清田村・国里村では上（一三銭）は下（九・五銭）の一・三七倍の格差があった。なお、東京府南多摩郡の一農村の事例を対象とした研究も、階層差の大きさを強調している。南多摩郡のこのケースでは、上は下の二・七倍であり、開きは一層大きくなっている（荻山正浩・山口由等「国内市場＝生活水準」、石井寛治ほか編『日本経済史』二）。

このように主食消費には、階層差を含みながら都市と農村との間の格差が存在した。したがって、米消費量の上昇は、①都市化による都市人口の拡大、もしくは②農村における米消費割合の増加、の二つの局面によってもたらされたといえよう。

農村における米食の拡大

四三ページの図4にみた一八八〇年代後半からの米消費増加の趨勢をもたらしたもう一つの要因は、米消費の盛んな都市の広がりとともに、農村における米消費それ自体の増大であった。米消費の割合が低かった農村における消費の増加は、全国の平均値を引き上げることになる。

この間、米価は変動を繰り返した。米価の変動は、総じて米の消費を増加させる一因となった。たとえば、米価の下落は麦や雑穀との価格差を縮め、また米の販売指向を弱めて、農村での米消費を増加させる一つの要因になった。「米麦混合を常食せし農民も米価低廉なるより、自然に米食に傾き茲に多額の喰潰しを生じたり」（『読売』一八九〇・四・二四）というような傾向である。一八八〇年代後半の「連年豊作」による国内供給量の増加と米価の低下に伴う米食の進行について、岡勇次郎著『日本米穀之将来』は、

一八八八～八九年度における国内の余剰米は生産者によりて食べつくされた。米価が非常に安かったために、麦あるいは他の蔬菜を常食としている農民たちが「一般食」を米に移したからであろう。

と分析している。米穀輸出の活発化に加えて、安価な米が食べ尽くされた頃に八九年（明治二二）の凶作が襲ったため、翌九〇年の米価暴騰がやってきたのである。

また米価が高騰すると生産者や地主の販売活動は活発化し、米を多く市場に出すようになる。このため短期的には生産者自身の米消費を減らすことになったが、所得の上昇による食生活の向上が米消費を促すことにもなった。たとえば日清戦後の好景気は、都市の米食を拡大すると同時に、農村でも麦や雑穀の消費割合を低下させ米の消費割合を徐々に高めていった。

米消費の動向

そこで、明治末年にいたる農村の米消費の拡大を全国的に概観しよう。『変遷』は明治初年から末年までの変化について、以下のようにまとめ

ている。すなわち、明治前期の農村では一般に、都市では米を「単用」したが、農村や山間では雑穀や大根・里芋を混炊（こんすい）した。甘藷（かんしょ）・馬鈴薯（ばれいしょ）の消費は一八七七年（明治一〇）頃から「有望」視され八〇年代半ばに相当普及した。農村では麦飯が一般的であったが、米の生産が少ない地方では、純麦食か麦七〜八割・米二〜三割の混食、または米粟飯・粟甘藷飯・米麦甘藷飯・甘藷単用などを常食とした。漸次（ぜんじ）米の消費が拡大していくが、その契機として地租金納（ちそきんのう）により米が手許（てもと）に残ったこと、西南（せいなん）戦争以降生活程度が向上したこと、米作改良の結果増産がすすんだことがあげられる。

また、一八八七年前後から養蚕（ようさん）が発達して桑園（そうえん）が拡大する一方で、雑穀の栽培は減少した。とくに日清戦争は経済界を好転させ、戦後は九七年前後から一般に生活程度は著しく向上した。都市における米消費の拡大とともに、農村においても麦飯を基本としながらも、雑穀の消費が減少して米の混合割合が増加した結果、明治末には米五割・麦五割の割合程度になった。

このように、農村では麦飯が一般的な主食となり、米の割合が徐々に増加する一方で雑穀などの消費は減少した。米麦に混ぜて炊いたり、雑炊にされたりして農村・山村で食された雑穀は、次第に米や麦がとれない山村などに限られるようになった。しかし、凶作などに際し地域によっては、雑穀は米や麦の不足を補う穀物として応急的に消費された。また、北海道や東北・九州ではなお一九二〇年前後まで雑穀の生産が一定の水準を保っており、主食に占める位置は重要であった。

農村の外米受容

明治半ば頃からは、米価の高騰や凶作・災害などをきっかけとして、農村でも外米が消費されるようになった。

まず一八九〇年（明治二三）の米価暴騰には外米が各地で廉売されたり貸与された。たとえば神奈川県三浦郡浦賀町走水（現、横須賀市）では、七月に村長と村会議員が協議して、積み立てた共有金で外米を購入し「貧困者」に貸与した（『読売』一八九〇・七・一三）。外米を配布する救助策は各地で実施された。外米は地方からの注文も多く「瞬く間に売切れ」（同前、一八九〇・三・三一）、「気配ハ非常によろしく入津次第売行」があり、全国各地に売り捌かれて「流行物」となったのである（同前、一八九〇・五・二六、三一）。

たとえば広島・尾道（広島県）・今治（愛媛県）・三津浜（同）では、米価が騰貴して「貧民日毎に増加」したため、一八九〇年六月頃には大阪・神戸から大阪商船の汽船で毎日多量の外米が輸送されるようになった。これらの地方では、かつて大阪方面から米の供給を仰いだことはなかったから、外米需要が新たな物流を生んだといえる（同前、一八九〇・六・八)。当地で収穫した米を大阪・神戸方面に出荷する一方で、安価な外米を同方面から購入するようになったのである。

本格的に外米が農村に普及しはじめるのは、一九〇〇年頃からその輸入が恒常化してからである。この頃刊行された大脇正諄著『米穀論』(一八九九年)は、

> 輸入米は一般に廉価であり、その味は日本米に劣るが雑穀には勝る。いったん米食に慣れた者が、「雑穀食」に移るよりは「輸入米食」に移る方が容易である。これが外国米が「都会」だけでなく「田舎」でも需要されている理由である。

と、米に混ぜる穀類として外米は雑穀に優り、都市だけでなく農村でも需要があると指摘している。

東日本の凶作と外米導入

農村での外米消費はまず東日本の東北・北陸・関東・東海の各地方で、凶作や災害をきっかけにして広まった。『変遷』によれば、東北では一八九七年(明治三〇)・一九〇二年・〇五年・〇七年・〇九年、北陸では一八九七年・九八年、関東では一九〇二年としばしば凶作に遭遇し、また東海では一九〇〇年・一九一〇年・一一年に暴風雨の被害が甚大であった。これを契機に一九〇〇年頃から外米が導入されることになった。全国的にみるとこの一九〇〇年頃から、毎年一〇〇

万石を上回る多量の米が輸入されるようになっている。

たとえば宮城県に外米が入る事情は次のようであった。

明治三八年（一九〇五年）の大凶作に際会すると俄然食糧の不足を来たし、各所で野生植物さえも食糧に供するという惨状を見た。耕地整理などの救済事業が実施され、かろうじて外米の輸入により不足を補った。本県に外米が輸入されたのは実に明治三五年以降のことであった。外米の消費は漸次増加し、同三八年頃には市街地での外米消費は相当広範囲に行われるようになったのである。（『変遷』）

また北陸地方では次のように報じられた。

最近加賀の小松地方における外国米の需要は漸次増加し、日々平均百石以上の取引あるが、これは農家において外国米が格安であるから飯米として需要し、成るべく本邦米を「喰延ばさんが為め」であり、今後も需要は多いであろう。（『読売』一九〇三・三・一七）

農民はみずからが生産した米の消費を節約するため、一九〇〇年頃から外米を本格的に消費しはじめたのである。

軍隊の食事

麦飯が一般的な農村からみれば、都市の白米食は魅力であった。女工に出れば食事は米飯であり、また商店などの奉公先でも同様であった。農村出身の兵士を集めた軍隊においても主食は白米を基本とした。

軍隊の食事は「兵食」といわれ、主食は米飯であった。一八六九年（明治二）の規則では、陸軍では毎日一人あたり米六合と「菜代」金六銭余の支給が定められた。軍部には陸軍の兵食も「西洋食」にしようという議論があった。パン食・肉食を導入するという案である。当時陸海軍では兵士に脚気が蔓延し、原因がわからなかったためその対策が模索されていた。

軍医であった森鷗外は西洋食に反対した。当時鷗外はドイツに留学していたが、一八八六年（明治一九）一月の『陸軍軍医学会雑誌』に掲載された「日本兵食論大意」のなかで反対論を述べている（『鷗外選集』一一）。栄養成分とカロリーを計算したうえで、なお改良すべき点はあるが米食で十分の栄養を得ることができ、西洋食は支給すること自体が難しいしその必要もないという結論であった。

陸軍ではその後も米食中心の兵食で、十分な副食がともなわなかったから、脚気の蔓延が問題になった。当時はまだ、脚気がビタミンの欠乏を原因とすることは知られていなかった。海軍でも遠洋を長期に航海すると、罹病者が続出し死者も出た。乗組員の半数近くが発病して航海もままならなくなることもあった。海軍では経験的に、麦飯が脚気の予防に有効であることが認められるようになった。

陸軍の兵食

陸軍でも麦飯の実質的効果を認めて、各地の部隊の判断で麦飯が導入されていったが、軍全体の方針とはならなかった。このため日清戦争・日露戦争では兵士の五分の一から三分の一が発症し、多くの死者を出すにいたった。

一八八五年（明治一八）から麦飯を導入した陸軍近衛師団では、各部隊ともに大幅に発病者を減らした（『読売』一八八六・九・一七）。陸軍の兵食に麦飯が広まったが、九三年の新聞記事は、陸軍省は二、三年来、脚気予防のため各連隊とも夏季は麦飯とすることとした結果、脚気患者が従来の「十分の一」に減少したことを報じている（同前、一八九三・三・三〇）。しかし麦飯の普及は兵士には不評であったようだ。「強壮健全の若者」は白米の「一升飯」でも不足を感じるのに、「麦飯一合ではタマリませぬ」という陸軍乗馬学校生徒の投書もあった（同前、一八九一・八・三〇）。

時期はだいぶ降って戦後の一九五〇年前後のことであるが、「軍隊ず（という）所ァいいもんでがんした。……米のメシを食せでけるっけァ、いい所だった」（大牟羅良著『ものいわぬ農民』岩波新書）という回想がある。白米の食事を兵士たちは望んでいたようだが、明治中頃からの兵食は必ずしも米飯のみではなくなった。しかし、麦飯すらおぼつかず、米が少なく雑穀も入った粗末な飯を食べていた農民出身の兵士には、麦飯でも三食きちんと食べられることは魅力であったといえよう。

大都市の米問屋――流通の再編

明治初年の多様な社会変革は、米穀の流通を大きく変貌させた。それは産地から消費地までを通じた全機構的な変化であったが、ここではまず消費地、それも大消費地である東京と大阪の変化をみよう。

年貢米の廃止

最大の変革は地租改正（ちそかいせい）による年貢米の消滅であった。領主が租税として農民から徴収した年貢米は、最終的には消費地の蔵屋敷に輸送されて売却された。しかし産地から消費者にいたる米の動きは、市場における売り手、買い手による自由な売買によるものではなかった。

ただし、年貢（ねんぐ）の一部は領主の手で産地の城下などで米商人に売却され、また家臣に支給された禄の一部も販売されるなどして市中に流れた。また、年貢を控除した農民の取り分の一部は、産地において商人などに売却されて商品化された。産地において商品化された米の一部は市場で取り引きされ、産地から商品として商人から商人へと売買されて消費地にやってきた。商人米・納屋米などと呼ばれるものである。

多くの年貢米が江戸や大坂の蔵屋敷に回送され、そこで蔵元らによって市中に売却された。産地から江戸・大坂までの年貢米の回送やその売却は、商人のまったく自由な商業活動とはいえず、そこには米価や市場の動向をもにらんだ幕府や藩の意志がはたらいていたのである。

地租改正と米の流通

幕藩体制の崩壊と地租改正はこうした米の流通に大きな変化をもたらした。産地から大量の米を回送していた領主層は消滅し、また租税は物納から金納へと代わった。このため、農民はそれまで現物年貢を領主に差し出していたが、代わって米を売却して得た貨幣で納税することになった。農民が産地において売却する米の量は飛躍的に増加した。産地で商品化された米は、商人による市場での取引を介して消費地に向かうことになったのである。

商人米の比重が比較的高かったといわれる大坂に対して、東京は領主が回送する米の割合が高くその影響は大きかった。産地から消費地に円滑に向かうかどうか、事態は深刻であった。こうした事情について、深川の有力廻米問屋山崎繁次郎商店は『米界資料』のなかで、「租税が金納となってからは状況が全く一変し、各藩の御蔵米をも純然たる商人の手によって販売しなければならなくなったので、多量の米を移出する米の産地では一時非常に困難を来した」と述べている。たとえば仙台藩の米は、藩が移出を独占して商人の取扱を禁じていたため、産地の米商人と東京の米商人との連絡を欠いて「一時輸出中止の姿」となったといわる。

東京深川の廻米問屋

領主に代わって、遠隔の米産地と取り引きして東京など大市場に大量の廻米（米の回送）を行う商人が廻米問屋である。取引が大量であったから信用と資金力が重要で、はじめは有力商人や政商らがこれにあたった。

渋沢栄一の従兄弟にあたる渋沢喜作は、一八七四年（明治七）に東京深川の万年町に廻米問屋を開いた。栄一の援助をうけた喜作は、政府との結びつきを生かして同年から仙台米など東北地方の産米の廻送に乗り出した。産地においても、従来の領主を介した米の移動は激変し、地租を納めるため農民や地主が米を売却しようとしても適当な販売相手がないこともあった。山形県庁の書記官は七六年に喜作を訪い、地租の納入が遅れるので同県産米を買い入れてほしいと要請した。交渉の結果喜作は手形で米を買入れ、県庁は農家が受け取った手形を貨幣とみなして租税として収納し、これを栄一が経営する第一国立銀行で決済するという契約を結んだ。こうして八万石の買い入れに成功したという（高村直助編著『明治前期の日本経済』三〇一ページ）。また同じく三井組も深川に出張所を設け、政府から宮城県・水沢県（現、岩手県）の為替方を命じられて東北地方に進出し、米穀を取り扱って東京への出荷を促した。

こうした政商に加えて、幕末から深川で海産物や肥料を取り引きする有力な問屋のなかからも、廻米問屋の業務に進出する商人が出てきた。その一人である奥三郎兵衛は一八三六年（天保七）、和泉国日根郡（現、大阪府泉南郡）に生まれ同郡の商家奥家の養子となった。奥家は貞享年間（一六八四―八七）に三男の三郎兵衛が江戸に支店を開いて生魚問屋・干鰯問屋を創業し、鮮魚の本丸御用達もつとめた。また一八五八年（安政五）には江戸の深川堀川町を拠点に、関東米穀産組問屋に名を連ねる有力商人となった。養子となった三郎兵衛は同年に支店に着任して江戸の奥家を相続している。幕府が倒れたのちは生魚問屋を廃して干鰯問屋と米穀問屋を兼ね、廻米問屋業にも乗り出した。のちに一八九一年には東京商業会議所の初代副会頭や衆議院議員を歴任した。

また久住五左衛門は寛政年間（一七八九―一八〇一）に関東米穀三組問屋となり、幕末には干鰯問屋も経営した廻米問屋である。中村（上総屋）清蔵は廻米問屋のほか味噌問屋を兼ね、明治中後期には深川屈指の資産家に発展した（坪谷善四郎著『実業家百傑伝』）。

一八八四年（明治一七）の時点で、廻米問屋仲間に名を連ねる廻米問屋は一六名である。深川にはその半数が集まり有力者が多い。日本橋にも遠隔の米産地から米が集まったが、次第に取引の中心は深川に移っていった。日本橋の兜町にあった三井物産も、深川に出張所を設けることになる。

東京に集まる遠隔産地の産米は「遠国米」とも呼ばれ、鉄道が普及するまでは、産地の移出港から海路東京の深川や日本橋・品川などに回送された。深川は海陸の接点にあって大きな倉庫が立ち並び、大量に取引する廻米問屋にとって好立地にあった。一八八八年に深川の諸倉庫に入庫した米を産地ごとにみると、地廻米八万石・東海道筋三二万石・北陸三七万石・東北二三万石・九州八万石、合計一〇八万石であり、東海・北陸・東北の産米が圧倒的割合を占めていた（『老川慶喜・大豆生田稔編『商品流通と東京市場』二一〇ページ）。

米穀問屋

一方、江戸から続く東京の米穀問屋は、廻米問屋とは異なる機能を営んだ。江戸時代から市中に散在した米穀問屋は、関東周辺の地廻米を中心として一部は東北地方の米も集荷し、また廻米問屋からは遠隔地の産米をも仕入れ、それらを市中の、精米業を兼ねる白米小売商に売り捌いた。米穀問屋の取引は廻米問屋と比較すれば小口であり、資金力や信用にも一定の限界があって直接遠隔地との大量取引には乗り出せなかった。一方、廻米問屋は大規模な取引を行い、直接小売商などとは取り引きしなかった。

東京で消費される米の多くは、関東とその近県で収穫される地廻米であった。前年の収穫が平年作であった一八九二年（明治二五）の場合をみると、東京への移入量は地廻米一〇四万石、東海道筋二四万石、東北・北陸五九万石、関西・九州一二万石、合計一九九万石であった。このように地廻米は過半を占めて圧倒的であり、不足分が遠隔地の産米により補塡された。したがって東京市内の各所に営業する米穀問屋は、市中への米穀配給に重要な機能を果たした。廻米問屋がごく限られた存在であったのに対し、米穀問屋は日本橋・神田川下流・本所・浅草・芝などを本拠に東京市中に多数存在した。一八八一年末の東京の米穀問屋は三六七名を数えた（『回議録』東京都公文書館蔵）。

米穀問屋はみずから仕入れた地廻米や、廻米問屋から購入した遠隔地の産米を、市中の卸商や小売商に売り捌いたが、彼らはこうした配給ルートを近世以来確立していた。この点でも、維新以後登場した廻米問屋とは異なっていた。

定期市場

現物の米を取り引きする正米市場のほかに、定期市場においても米の取引は活発であった。定期取引には、現物取引を円滑にする掛繋ぎ取引（ヘッジ）という本来の機能がある。現物の米を大量に取引するときに、米価の予期せぬ変動によるリスクを回避するものである。たとえば、廻米問屋が産地から多量の米穀を買い入れた場合、その売却予定が一ヵ月先であるとすれば、買入れと同時に定期市場に一ヵ月先に同量を売っておく。こうすれば、米価が暴落した場合にも定期市場の方に手持ちの現物を暴落前の契約価格で売ることにより大きな損失を避けることができる。

しかし、投機を目的とした買占めなどがしばしば行われ、米価の騰貴をあおったため、たびたび取引が禁止された。一八六九年（明治二）に先物取引が禁止されると、米穀商は政府に再開を請願したが、そこには定期取引がないと商売方法が難しく自然と米が「不潤沢」になる、本年は東京に一日二五〇〇石程度の入荷が必要であるが定期取引がないとうまくいかないなどと記され、三井八郎右衛門らが名を連ねて定期取引の許可を要望している（『大隈文書』A三六八四）。正米取引を円滑にすすめるために先物取引が必要とされたのである。

図７　東京米穀取引所（『新撰東京名所図会』第27編、1900年より）

一八七〇年代半ばになると定期取引の制度が整いはじめた。七六年に米商会所条例が出されると東京日本橋の兜町・蠣殻町に定期取引を行う米商会所が発足した。米商会所の設立は有力産地やほかの大都市、地方都市にもおよび、一八八〇年末には東京の兜町・蠣殻町のほか、大阪・京都七条・近江・兵庫・名古屋・桑名・新潟・金沢・岡山・赤間関（下関）・松山・徳島の一四ヵ所におよんだ。しかし、各地の米商会所にもしばしば取引停止の処分が下された。

正米と定期米の取引制度の大枠は整いはじめたが、政府が行う米穀輸出や定期市場への介入はしばしば取引を混乱させる要因となり、なお米の取引市場は不安定であった。

鉄道開通と秋葉原駅

一八八〇年代以降の鉄道路線の拡張は東京への米の出荷を促した。華族などの出資により一八八一年（明治一四）に設立された日本鉄道会社の営業路線は、現在の高崎線・東北本線・常磐線にあたる。一八八四年に上野―高崎間を開通させ、八七年からは東北地方を縦貫して九一年には上野―青森間、九八年には上野―岩沼間を全通させた。

これらの路線は、東京市場へ供給される関東の地廻米や、東北地方の産米の輸送に大きな変化をもたらした。鉄道と平行する河川の舟運や汽船による輸送は、次第に鉄道へと切りかえられていった。たとえば岩手県の北上川流域では、九〇年前後に、ほぼ平行する日本鉄道路線へと急速に代わった。一九〇一年における日本鉄道の米積出量の上位一〇駅をみると、岩手県の④花巻・⑦水沢・⑨黒沢尻（北上）・⑩盛岡、宮城県の①小牛田・③石越、福島県の⑥郡山、栃木県の②宇都宮・⑤氏家・⑧小山と、いずれも東北や関東の産地に位置していた（〇の番号は順位）。

一八九〇年には秋葉原駅が貨物駅として開業した。日本鉄道の終着駅上野と秋葉原の間が開通すると、産米の多くが秋葉原駅に到着することになった。上野―秋葉原間は市街地で踏切が多く、苦情を訴える住民から工事中止の願書が裁判所に提出された。下谷区民は上野―秋葉原間の鉄道廃止と、不忍―神田間の運河開削を求めている（『読売』一八九〇・二・一五）。このため貨物列車の運転時間が午後一〇時から翌日午前六時までに制限され、午前六時から午後一〇時までは九〇年には往復四回、翌年末からは六回以内に限られた。

秋葉原駅開業の目的は、同駅が接する神田川水運によって東京市内各所やターミナル駅と連絡するためであった。九三年には掘割によって神田川に通じる「船溜所」が開削されてその利用がはじまった。同駅に到着した米は、深川や周辺の市場へ水路によって輸送された。

秋葉原駅は佐久間河岸に近く、近世から続く正米市場である神田川市場と接していた。このため、神田川市場の米穀問屋は秋葉原駅の到着米を取り扱って取引量を増加させていった。同市場は、河川や海路につながる深川に対して日本鉄道と接続することになり、鉄道輸送の拡大にともない急速に台頭していった。一八九〇年代末頃には東京府下需要米の四五％程度を神田川市場が取り扱うようになり、また一九〇〇年頃には秋葉原駅到着米の大半を同市場が取り引きするようになったのである。

取引の変貌

鉄道輸送の拡大は、資力と信用によって廻米問屋が遠方から大量に集荷し、深川正米市場で売り捌くという取引のあり方を変貌させていった。深川の有力廻米問屋の一角を占めた三井物産深川出張店は、その廃止に向けた報告書を一八九六年（明治二九）六月に作成し、取扱量が低減する傾向や経営の不振を強調している。報告書はその原因を、次のように述べている。

もともと〔廻米〕問屋業は、交通機関や信用機関が十分発達しないときには必要不可欠であったが、今日のように交通機関や銀行業・倉庫業が日々業務を営んでいるので、問屋業の業務の大半を奪い去られている。……（『理事会議按』三井文庫蔵）

手船や倉庫を持ち、豊富な資金によって金融の便をはかるという廻米問屋の業務は、汽船や鉄道、銀行業や倉庫業の発達によって存在意義を低めたのである。貨車一台という取引単位は、船積みの荷よりも小口であったから、少額の資金でも取引できるようになり、次のように廻米問屋を経由しない取引が増加していった。市中の米穀問屋が、廻米問屋を通さずに直接産地との取引を活発化させたのである。

最近は汽車積みの発達により売買単位が次第に小さくなり、従来船積みの一単位は最低五〇〇石であったが、現在は一〇トン貨車一六〇俵（四六石）と約十分の一に過ぎなくなった。船積みの時代には多大な資本を必要としたが、汽車積みでは貨車一両だけまとまれば輸送できるから、運転資金もごく少額で足りるようになった。このような事情の変遷にともない、米穀問屋は次第に産地から直接買入れを行うことになり、遂に今日では廻米問屋も米穀問屋も何等区別がなくなった。（同前）

大阪の米商人

江戸時代の大坂は全国の領主米が集まる集散地であった。また商人の取引により集まった納屋米の集散地でもあった。しかし明治初年からは株仲間が廃止され米穀商人の取引は大きく変化した。

かつて蔵米（くらまい）を売買した堂島の米仲買人は、堂島の先物取引が禁止されたため「廃絶の姿」となった。しかしその後間もなく、堂島米会所が再興され、一八七三年（明治六）には堂島米油相庭会所（こめあぶらそうばかいしょ）となり、また米商会所条例により大阪堂島米商会所が設立されると、彼らは同所の仲買人となった。堂島米商会所は定期取引を行う市場であり、正米取引は盛んでなかった。

米商会所条例によって発足した大阪堂島米商会所は、東京の取引所と同様に一八七〇年代末から八〇年前後にかけて旺盛な取引を展開したが、やはり投機取引を抑制する政府の措置によって取引停止などの処分をたびたび受けた。取引所制度の整備は八七年の取引所条例をへて、九三年の取引所法によって整備され、米商会所は大阪堂島米穀取引所と改称した。近代の堂島は定期取引の一大市場であった。

一方、納屋米を取り扱った問屋・仲買たちは、七三年に米穀問屋組合・米穀仲買組合をつくった。これらの組合は米穀問屋仲間、および仲買商・小売商仲間をへて、一八八九年に米穀問屋組合と米穀商組合が設立された。米穀問屋は荷主の委託に応じたり直接売買するもので、九二年には兼業を含めて九〇名を数えた。九一年には委託売買法を定めて荷主との取引方法を明確化し取引の円滑化をはかった。これは東京深川の正米市場にならったといわれる。また米穀商組合を構成する仲買と小売商は、兼業がすすんだことにより、米穀問屋組合の営業範囲と明確な区別がつけられなくなり両組合合同の気運が高まった。こうして一九〇〇年には、重要産物同業組合法による大阪穀物商同業組合が設立された。

大阪・兵庫の正米取引

維新後、阪神の正米の集散は、従来納屋米市場として知られた兵庫に移り、大阪での取引は衰退傾向にあったといわれる（『明治大正大阪市史』三）。大阪における正米取引は、東京深川や神田川のような正米市場がなく、「大小種々なる米穀商の店舗に於て個別的に」行われるにすぎなかったのである。ただし、「寄場」と呼ばれる倉庫中心の卸売組織があり、日清戦後に大阪港への朝鮮米の輸入が増加すると活発化した。売方の米穀問屋・仲買人、買方の小売商たちが、有力な倉庫の構内に穀栄会・米友会・住米会などの組織をつくって、会員間の相対で正米の売買取引をはじめたのである。

兵庫でも問屋株が廃止され、米穀商の組織は変遷を繰り返した。ただし、米穀と肥料を取り扱う問屋と仲買は引き続き提携した。問屋は問屋会所を設立し、また仲買は穀物仲買仲間を組織したが両者の兼業がすすみ、一八九二年（明治二五）には米穀問屋と肥料問屋が一体となり、九八年には問屋と仲買が合同して兵庫米穀肥料商組合が発足した。

兵庫には近畿・中国・四国・九州、さらに北陸や東北日本海側の米が集まった。九三年には委託取引の規約を定めて荷主との取引ルールの整備がすすんだ。さらに一九〇二年には正米市場として兵庫米穀肥料市場が発足し、同時に定期取引も開始した。

兵庫の米穀問屋は国内産米を阪神地区をはじめとして各地に売り捌いたり仲介した。また兵庫は神戸に接していたから、彼らは海外の米や市場も視野に入れて活発な正米取引を展開した。つまり、一八八〇年代に米穀輸出が活発化すると、兵庫に集まる国内産米を神戸居留地に売り込み、また一九〇〇年前後から外米輸入が本格化すると、外商などから輸入米を仕入れて全国各地に販売したのである。兵庫・神戸は内外の現物の米が活発に取り引きされる場となり、米穀問屋の取引圏は海外もにらむものになった。

産米の粗悪化

東京・大阪の二大市場においては、明治前期から一八九〇年代にかけて米穀取引の機構が整備されていった。取引の中心となったのは、廻米問屋、あるいは米穀問屋であった。彼らは近在や遠隔の産地から大量の米を集荷するため、円滑な取引を望んだ。

ところが八〇年代から九〇年代にかけて、物納年貢が金納地租に切りかわったのを契機として産地では産米の粗悪化がすすんでいた。かつて領主は年貢米の収納にあたって厳格なチェックを行い、乾燥の良否、異物混入の有無、俵装の堅固さ、容量などをきびしく取り調べ、不備なものには再調を命じた。しかし、年貢が廃されるとこうした管理はなくなった。また小作人が小作料を納める場合は、地主―小作間の契約が一般に小作料の量のみを定めていたので、生産者は調整過程を簡略にすることを志向した。このため、粗製が横行するようになったのである。一八八四年（明治一七）に農商務省の前田正名らが編集した『興業意見』は、次のように記している。

江戸時代には、農民が租税を納めるには、各藩主により多少の緩厳があるが、米質を精選し、調整を「鄭重」にし、俵装を完全にしなければ収納を許さなかった。……

しかし、地租改正により米納が金納に変じて以来、農家は各々が収穫米を販売するようになり、旧来各藩主が農民を「督責」して米質などを精選させた慣習が「一朝に瓦解」した。

『興業意見』はまず福岡県の例をあげ、籾摺りを粗略にし、俵造りを廃して叺に入れ、廉価の石灰を肥料に用い、米仲買は精粗を混淆して俵造していると指摘し、ほかの府県もほぼこれに異ならないという。

つまり、容量を増すため俵に籾や石を混入したり水がかけられた。乾燥が不良で翌年初夏には変質し腐敗するものが出てきた。乾燥を徹底すると容量が減ったからである。また俵装が粗雑で輸送途中に脱漏し容量が大幅に欠けた。汽船や鉄道による輸送は、よりしっかりした俵装を必要としたから、脱漏の弊害は大きかった。消費地の問屋のもとに着く荷もこうした粗悪米であることが多くなったのである。

このため廻米問屋や米穀問屋、また大阪堂島米商会所は、しばしば品評会を開催して産米改良を呼びかけた。

廻米問屋による玄米品評会

深川の東京廻米問屋組合は、発足間もない一八八八年（明治二一）二月と九一年四月に「玄米品評会」を開催した。『米界資料』によれば、開催の理由は産米

越前国	従前は乾燥・調整とも甚だ不充分であったが今回の出品は非常によくなった。
加賀国	北陸地方では乾燥・調整ともに最良である。
肥後国	名声ある国柄だけに「頗る良品」で、当地東京の需要に適し、上位を保持できる。

（出典）　東京廻米問屋組合『東京廻米問屋第二回玄米品評会要件録』（1891年）をもとに作成。

が日々ますます「粗製濫造(らんぞう)に流」れ、東京の在庫貯蔵米の多くが春の彼岸頃には「大抵変質するの有様」となったからであった。

したがってこの品評会のねらいは、米質それ自体の改良ではなく、大量の取引を円滑にすすめる前提として、低質米と改良米を混合せず峻別(しゅんべつ)すること、容量を表示どおりにすること、脱漏しないよう俵装を堅固にすること、変質しないよう乾燥を十分にすることなど、商品としての産米の規格化・標準化をすすめることにあった。

つまり第二回玄米品評会は出品単位を三〇俵と多量に定めているが、その意図は品質の「善美」にかかわらず、斉一な品質、まとまった量の出荷を促すことにあったのである。主催者である東京廻米問屋組合の評価の一部を表7に示した。深川に集まる産米が出品されたが、肥後米以外はきびしい評価である。

表7　玄米品評会における産米の評価

陸中国	年々乾燥が不良で往年に比し大いに劣る。いま改良に着手しないと市場から排斥されるだろう。
陸前国	近年改良に着手したので従前に比し大変優れた所がある。一層励精して稗や赤米を除き乾燥を充分にすれば、大いに価格を上昇させるだろう。
羽後国	以前より大いに面目を改めたが、乾燥が甚だ不良で時間がたつと変質のおそれがあり声価を得られない。これは風土によるものだが対策もあろう。鋭意改良を加えれば市場での位置を上げることができる。
羽前国	調整が不良で稗が多く混入し乾燥も不充分である。もともと質は甚だ劣等ではないが、左記のために東京市場では好評を得られない。鋭意改良を望む。
磐城国	近年米種を選ばず赤籾や稗が多く調整・乾燥が最も不可である。充分改良を希望する。
常陸国	下総国に同じ。真壁郡下館は少し改良の効が見られる。尚充分の注意が必要。
下総国	作柄が悪く、さらに年々「粗造」に流れるため漸次市価を落している。反省してほしい。
武蔵国	概して中等以上の品種を産出するが、昨1887年は天候不順で平年に比し優等品が少ない……出品中には調整粗略のものがあり、とくに二合半領米は最も粗悪で稗が多く市価を落している。深く注意を望む。
越中国	近年米作改良をすすめ、とくに昨秋は天候がよく大いに品位を改善した。いま一層乾燥を充分にすれば、国内の需要だけでなく海外輸出にも好評を博すだろう。同国のうち未だ改良に着手しない某郡はこれを模範とすべきだ。

神戸の日本産米品評会

また一八九三年（明治二六）四月には、神戸の兵庫湊川公園で「日本産米品評会」が開かれた。この品評会の目的も、国内各産地から産米を集めて、「品種ノ優劣」を競い「米製ノ改良」を奨励することにあった。発起人の顔ぶれをみると、沢田清兵衛・有馬市太郎・泉谷文七・柏木庄兵衛・魚澄惣左衛門ら、兵庫の有力な米穀問屋が名を連ねていた。発起人たちは、これまでの品評会は実際の取引に生かされず不徹底であったと次のように述べている。

> 従来開設された共進会や品評会を見ると、その多くは小量の見本に過ぎない、……一時の名誉を博そうとして粒々撰択、たまたま優れたところだけを少々出陳している。

このため、実地に即応した品評を行うため、出品俵数を実際の取引に準じて深川の玄米品評会と同じ一口三〇俵とし、五〇〇〇石以上生産されるものに限った。問屋と遠隔地の産地との現実の取引にあわせて、まとまった量を出品させたのである。

深川の廻米問屋奥三郎兵衛は本会の開会にあたって祝辞を述べている。神戸で開催された品評会も、深川の玄米品評会と同様に消費地の有力な問屋が開催して、大量の取引が円滑にすすむよう各産地に産米改良を促したものであった。すなわち、同品評会の審査基準は、品質・色沢・形状・乾燥・調整・俵装の六項目の鑑定からなるが、いずれも形態を整え、腐敗せず、表示通りの内容物であるかどうかの検査であり、産米の規格化の達成度を競うものであった。

出品は旧国で四七ヵ国の範囲におよび、主な集荷地域である九州・中国・四国・近畿・北陸では、ほぼすべての国から出品があった。深川の玄米品評会と比較すると、神戸の品評会は海外輸出を強く意識しているところに特徴がある。たとえば、大和国の「粒形大にして乾燥宜しきが為め量目重く海外輸出にも適せり」、和泉国の「今回の出品中一、二大粒のものは海外輸出にも適せりと雖ども、尚ほ種子の撰択及調製乾燥に一層の注意を要す」、伊勢国の「錦種の如きは調製を充分にせば海外輸出にも適当するならん」などという評価である。品評会が開催された一八九二年は、最盛期をすぎたもののなお海外輸出は活発であり、兵庫の米穀問屋は輸出用産米の集荷にも深い関心があったのである。

産米改良の呼びかけ

品評会の開催だけでなく、深川の廻米問屋、東京の有力米穀問屋、大阪や兵庫の米穀問屋たち、また大阪堂島米穀取引所はしばしば産地に対し、産米改良についての助言を行うほか、政府や府県にその徹底を要請した。

東京の米穀問屋・白米小売商・仲買商を組織する「米穀三業組合」の頭取辻純市は一八

八一年（明治一四）一一月、東京府知事に対し産米改良の徹底を訴えた。地租改正以降に粗製濫造があいつぎ、「不経済」を「深く憂問」しての出願であった。願書のなかで、奥羽(おうう)二州の米俵には籾が三割も混入していること、玄米を精白するとかつては上米で五分、下米で一割の「舂減り(つきべり)」があったが、近年の粗悪米は上米でも一割以上、下米にいたっては二割に近いことなどを訴えている（『明治前期勧農事跡輯録(しゅうろく)』）。粗悪米は米穀問屋の営業を阻害していたのである。

また大阪堂島米穀取引所も産地からの、さまざまな問い合わせに応じた。その前身の堂島米商会所が示す改良のポイントも、品質・色沢・形状・乾燥・調整の五項目であった。一例として、八七年五月に頭取玉手弘通が山口県農商課に送付した防長米(ぼうちょうまい)の評価書をみよう。そこには、①防長米の上米は当所格付表では第一等の位置にある、②しかし近年品質が次第に「粗悪に流れ」、乾燥・調整が不良で声価に影響が出ており管下農民の不利益は少なくない、③防長米の上米は海外輸出に適しており十分「改良の上精選」すれば海外需要も増加して「販路を拡充」できることなどが記されている（『米撰俵製一件』山口県文書館蔵）。

また兵庫の米穀問屋も産米改良への関心が高く、県内の俵装を四斗に統一することをすすめたり、播磨の大地主伊藤長次郎家の諮問に応じて、小作米収納を四斗入り俵装にすることが産米改良の「嚆矢（こうし）」となると回答している（脇坂俊夫「播州米四斗俵装の成立」『歴史と神戸』九八）。

産米改良と産地間競争

北陸・東北の産米改良

米穀産地の取り組み

一八九〇年代に入ると、それぞれの産地でも産米改良が活発に展開しはじめた。国内産米は不足しはじめたが、朝鮮米など有力な競争相手が新たに登場した。消費地の市場をめぐって、各産地は少しでも有利に販売しようとした。その具体策は、まずは商品としての規格を整えることであった。改良のポイントはよく乾燥して変質を防ぎ、一俵のなかの品質を斉一(せいいつ)にし、混入物を除去し、容量を表示どおりとし、俵装を強固にして脱漏を防ぐことなどである。そのために米穀検査を行う産地も多く出てきた。

産米改良に積極的に取り組む産地が増える一方で、消極的なところは次第に市場の評価を落として競争に敗退していった。またいったん評価を上げても、その後の検査体制が緩むと、後進産地の産米に販路を奪われたり価格を落とすことになった。こうして、明治後期になると産地間の競争が激化していった。

とくに、現在の米どころである東北地方の日本海側や北陸地方の産米は、多くの問題をかかえていた。稲はもともと温暖な地方に生育したから、関東地方以北では良質のものはとれにくかった。とくに日本海側では、秋の収穫期あたりから天候に恵まれず、雨や雪が続いて十分に乾燥できなかった。このため、翌年初夏をむかえる頃になると変質したり腐敗するものも少なくなかった。これらの地方の産米は乾燥の不良が常に問題とされ、稲架（はさ）による乾燥が奨励されたが、費用や手間のかかる作業は敬遠された。

また産米改良は、すでに良質の米を産していた著名な産地でも取り組まれた。こうした地方でも、明治初年には質の悪化をまねいたり、また他地域で改良がすすんで相対的に品位を落とすと産米改良の課題が浮上することになった。産米改良競争への乗り遅れは販路をせばめて、産地間のきびしい競争に敗れることを意味した。そこで、それぞれの産地の対応を具体的にみていこう。

まず富山県からみよう。越中米と称される富山県産米は、明治前期までは主に日本海や瀬戸内海を経由して大阪方面に搬出された。維新前の大坂市場では、有力な肥後米と伯仲して評価が高かったといわれる。

越中米の粗製

加賀・越中・能登三国を支配する加賀藩は、年貢米の収納を厳しく管理し、不良米を拒絶して「痛く納人の怠慢を責め」た。農民は田植えから刈り入れ、乾燥まで注意を怠らず「一粒だも粗悪ならざらんこと」にひたすら心がけたため米質は「精良」となった。大坂市場における高い評価は、徹底した貢米管理によるものであった。

しかし維新変革後、一八八〇年代になると産米の粗悪化がしばしば指摘されるようになった。乾燥の不良、異物の混入、および俵装の不備などである。乾燥不良は変質や腐敗をまねいた。東京深川の廻米問屋は、倉庫内で変質・腐敗する越中米の実情を調査し、富山県庁に次のように報告している。

越中米は乾燥が足りないため夏季になると外見が一変して「醜悪」になり、価格を数等落とすのは積年の通弊である。生産者にとってこれより大きな不利益はない。

（『富山県勧業第五回年報　明治二十年』）

しかし、乾燥の徹底は容量や重量を減らすことになり、小作米を地主に納入する小作人にはむしろ不利益をもたらした。

また容量や重量を増やすため、秕（しいな）・砂・石などの異物を混入したり、水をかけるなどの不正行為も横行した。米を買い集める仲買商たちのなかには、こうした手段で「奇利」を得ようとするものがあった。また俵装も粗悪化したため、汽船や鉄道による輸送が台頭すると脱漏がひどくなり容量不足をまねいた。富山県庁は、輸送中に脱漏する平均量は、良好な俵装では平均千分の二に止まるが、粗造の俵では千分の一四にもなると指摘して改良を促した。

米穀検査と東京進出

富山県では一八八〇年代前半から九〇年代はじめにかけて、組織的な産米改良がはじまった。八〇年代後半からは、八九年の凶作をはさんで全国的に豊作が続き、富山県でも生産量は拡大の趨勢にあった。粗悪米の横行は販路の維持・拡大を制約したから、米の販売に関心をもつ地主層を中心に、県外移出を目的とする検査がはじまったのである。

礪波（となみ）郡（現、東・西礪波郡）では一八八三年（明治一六）から米製改良会社が組織され、産米を「精撰」「改良」「普通」の三ランクに分け、かつ二重俵を標準とする俵装の改良がはじまった。「普通」は異物を除去しただけ、「改良」はそれに加えて乾燥が十分で、「精撰」はさらに光沢があるものと検査基準を明示し、俵装改良も二重俵の作り方や縦縄・横縄の結び方、掛け方を具体的に指示するものであった。

この事業は一定の効果を発揮し、一八八三年に検査に合格した産米約二〇〇〇石を兵庫と東京で販売したところ、同じ越中米の「下米」より五〇銭高となった。その翌年には、東京・大阪・兵庫に「直輸」した「改良米」は、「普通米」より三割ほど高値となった。東京市場では、検査に合格した「改良米」が普通米や粗悪米とは明確に区別され、独自の価格を実現しはじめたのである。

また上新川（かみにいかわ）郡では八五年四月に、地主の有志が移出米改良組合を設立し、小作米を「精査」して「良米」には賞与を与えて良質な小作米を確保しようとした。また同郡役所でも検査によって「改良米」を選定し、東京市場に販売したところ好評を博した。改良米は一石当たり平均四〇銭高であったことが報じられている。

富山県の奨励

しかし一八八〇年代はじめの東京市場では、越中米全体の評価はまだ低かった。富山県はこれを「実に遺憾」と嘆いて一連の産米改良事業をはじめ、一八八五年（明治一八）六月には乾燥の徹底、異物の除去、俵装の改善および四斗俵への統一を奨励する告諭を出した。富山県地方では五斗入り俵装がそれまでの慣行であったが、全国的に四斗に統一されはじめたので規格を合わせたのである。

さらに、東京への大量の移出が成功した八七年には輸出米検査規則を制定し、県外移出米はすべて、移出港に設置された輸出米取扱業組合が乾燥・俵装・容量を検査することになった。合格米には検印が押され産地や移出者の住所・姓名を記した「標章」が付された。逆に不合格米は県外移出ができず、違反者には違警罪として三～一〇日の拘留または一～一円九五銭の科料が科されることになった。

この輸出米検査規則による移出米取扱業組合として、「射水郡輸出米取扱組合」が発足した。同郡の伏木港には事務所が、横田村・放生津・氷見の各港には出張所が設置され移出米を検査した。この射水郡組合の検査は品質・俵造の二項目からなる。

まず品質の検査をみると、乾燥はその到達度により、調整は一升中の異物の混入粒数により等級区分されたが、両者ともにその客観的基準が明記されているところが注目される。つまり乾燥・調整それぞれ一等一〇〇点・二等八〇点・三等六〇点で、一等米は合格点数が合計一六〇～二〇〇点、二等米は一二一～一六〇点、三等米は八一～一二〇点、不合格は八〇点以下と等級が定められた。評価の点数化は、検査員の恣意を排し公平さを確保するために採用された。また俵装についても合格の基準を明記し、俵の編み方、横縄・竪縄の結び方を具体的に示し、俵造の寸法を数値化した（富山県内務部『越中米ノ来歴』）。

　こうした事業は一定の効果をあげ越中米の東京市場進出を促した。東京深川の廻米問屋渋沢商店は一八八九年（明治二二）、礪波郡役所に対して次のように報告している。

産米改良の効果

> 改良米が東京で好評を得ているのは今更いうまでもない。当春は一層格別で、近ごろは、越中上米は礪波の二字によって代表されている。実に改良米の名誉であり、他郡産同等米より常に幾分の高値となっている。……しかしながら、今日漸くその緒についたばかりであり、決して現状が「極度」というわけではない。今後も「丹精」すれば、ますます利益は多い。

改良の結果は、礪波産米だけでなく越中米全般の評価をも引き上げた。同じ渋沢商店の調査によれば、東京市場への越中米の移出量は、八七年には前年の三～五倍に増加して三〇万石におよび、「実に未曾有の現象を呈」した。同年には、関東地廻米の不作とは逆に、豊作となった越中米が東京市場への移出量を急増させたのである。

　すでにみた奈良専二の『新撰米作改良法』は、この八七年の越中米の東京進出について、「畢竟米作の改良を企てたる結果」であり、農家にとって産米改良は「最も注意すべき一大要事」であると力説している。また翌八八年五月の『東京経済雑誌』四一八号も、富山県の「官民諸氏」による改良法の効果が現れ、東京の白米商の好評を得て需要が増加したと述べている。

北海道市場向けへ転身

しかし、富山県の産米改良事業はその後間もなく消極化した。その直接のきっかけは一八九〇年（明治二三）の騒擾（そうじょう）であり、射水郡組合の幹事の家屋も打ちこわされた。組合は県外への販路拡張をねらったから、米価騰貴の元凶とみなされて襲撃されたのである。

ただし消極化の原因はそれだけではなかった。一八九〇年代に、富山県産米の県外移出先は大きな変化を遂げた。九〇年代中頃までは「改良米」が東京市場への販路拡大を目指していたが、県外移出量自体が急速に拡大するにしたがって、北海道や樺太（からふと）向けの移出が大半を占めるようになり、東京向けを圧倒したのである。

一九二〇年頃まで、北海道の米穀生産には限界があり、消費量の多くを道外からの移入にたよっていた。このため日本海に面した東北・北陸地方の産米が多量に北海道に移出されるようになり、越中米の多くも北海道に向かいはじめたのである。ただし、北海道の需要は安価な低質米を主としたから、越中米の産米改良は頓挫した。

富山市が九四年に開催した博覧会では、越中米は成績不振で「品位劣等」と評価された。また同年の関西連合府県共進会でも、出品された越中米の多くが腐敗して虫がわき、ひどいものは「容器全く虫を以て満たされ米の形状を失」うという惨状を呈した。東京へ出荷したものにも腐敗が多く発生し、回送を謝絶されたものも少なくなかったという。

大消費地の問屋は、再び粗悪化した越中米に警告を発した。一九〇三年には、東京・大阪・兵庫の問屋が富山県知事に対して改善を要請している。さらに北海道市場でも、産米改良の不備は販路を縮小させることになった。北海道でもまた、新潟・山形・秋田・青森県などの比較的安価で低質の産米間に競争が生じ、産米改良が後退した越中米の移出量の減少が指摘されるようになった。産米の規格化・標準化は円滑な取引の前提となり、低質米の市場においても産地間の競争が高まったのである。

東京市場と宮城県本石米

東北産米のなかでも、太平洋側の宮城県産米は比較的産米改良が順調にすすんだ。同県産米は「本石米(ほんごくまい)」と呼ばれるが、一八九〇年代から一九〇〇年代にかけて、日本鉄道の開通による鉄道輸送への切りかえと産米改良が同時にすすんだ。

仙台藩は近世初期から「買米制度」という米穀専売制をしき、品質・調整・俵装などを厳格に検査して年貢以外に農民が販売する米も藩が買い占め、年貢米とともに江戸に回送して売却していた。本石米は必ずしも上品質ではなかったが、「中流以下の大衆の要求」に応じて年間二〇～三〇万石が江戸に輸送されたといわれる。安価で大量に生産され、厳格な検査により形成された本石米という銘柄が「大衆の要求」するところとなり、江戸の市場に一定の地位を確立していたのである。

しかし、本石米も他国産米と同様、明治前期に粗悪化の道をたどった。廃藩と年貢米の廃止により藩の強制的な品質管理がなくなると、品質と調整が悪化して東京市場への販路をせばめていったのである。生産者は米俵に土砂や粗悪米を混入し、商人は俵に水を注いだり秕（しいな）・籾・砂土を混ぜるなどの行為におよんだ。こうして東京市場における従来の声価は、大幅に後退したといわれる。

米穀検査の開始と中断

このため宮城県は一八七八年（明治一一）という早い時期に、二つの法令を定めて産米改良に着手した。一つは米穀商を対象に、商人の不正を取り締まるため県外移出の米の輸送に米穀検査を義務づけたことである。検査所は石巻（いしのまき）・野蒜（のびる）など北上川河口周辺に位置し、県内から県外へ向かう米穀輸送の中継地点におかれた。

もう一つは翌年、生産者に五章二〇条からなる米作法を示して励行させたことである。稲架を用いた乾燥法、砕米の混入防止、秕・籾などの異物の除去、四斗への容量統一、二重の俵装など、調整の方法を指示したものであるが、とくに乾燥が重視された。この検査は厳格に施行されたため東京市場における評価が高まり、東京米穀取引所の格付けも引き上げられた。本石米が三陸（宮城・岩手・青森）のなかでは最も「上品」とされるなど一定の効果を収めたのである。

しかしこの制度は八一年に一時中断した。政府が殖産興業政策を転換し、民間への干渉を極力排除するようになったからである。農商務省は、宮城県の検査制度が「民業に干渉するの嫌ある」としてその停止を命じた。このため、間もなく「旧来の弊風」に戻り、本石米の評価は再び「地に墜ちんとするの境界」に立ちいたったといわれる。

検査の再開

米穀検査は一八八四年（明治一七）に再開した。松方デフレの影響により米価が大幅に下落し、農村が不況に苦しんでいた時期である。宮城県が再度つくり上げた体制は、産地において米商人に販売するとき、および港などから県外に出ていくときの二つの局面で米穀検査を実施するものであった。

つまり、まず第一に県下に二六、各郡に一～五の米商組合を設置し、組合地域外に出る米を検査して不合格米を売買禁止とした。たとえば石巻米商組合は、検査で上米・中米・下米・等外に区分したが、その基準は乾燥の良否、異物の混入粒数であり、容量は四斗とし、俵装の仕方も具体的に示している。等外米は再調整して改めて上米～下米にランクされれば販売が可能であったから、検査の主眼はあくまで乾燥と調整に限られていた。また、水をかぶった「濡米（ぬれまい）」や「腐敗米」は、秘匿して売れば不正となるが、その旨明記すれば売却が可能であった。

第二に、県下の米商組合を統轄し、県外移出米を検査する取締所を設置し、石巻のほか塩釜（しおがま）・野蒜などの移出港で再度検査を実施した。検査は米商組合によるものと同様で、粗製米や四斗入りでないものは移出を禁じた。

宮城県はこの検査を罰則付の規定により強力にすすめ、また県庁に委託された米商の醵（きょ）金（きん）を「精製」米生産者に交付するという方法で普及させた。宮城県の産米改良事業は八〇年代半ばから後半にかけて軌道に乗っていった。八一年に東京市場に出荷された宮城県産米は、「精撰米」や「改良米」と称され、他の「粗製米」とは明確に区別され、価格にも差が付けられるようになったのである。

米穀検査と平行して、県は「農事組合」を町村ごとに設けて、地主や農民による農事改良を促し、試験田を設けるなど農法の改良による産米改良をねらった。この農事組合は米商組合と提携して、地域の末端で米穀検査の徹底を指導した。生産過程からも検査を徹底させる体制・組織が形成されたのである。この農事組合の設置によって、米穀検査は「ほとんど管内一般の習慣」となるほど普及したという。

このように、一八八〇年代から九〇年代にかけて本石米の改良がすすみ、東京市場における評価を高めることになるが、ちょうどその頃、

日本鉄道の開通

日本鉄道が北に向って路線を伸ばしていた。

日本鉄道は東北本線・常磐線（じょうばんせん）・高崎線にあたるが、八〇年代末には仙台・塩釜まで達した。東北—東京間の輸送は、鉄道開通当初はなお汽船の占める比重が高かったが、九〇年代半ばになると鉄道への転換が急速に進んでいった。北上川を下り、石巻から汽船に積みかえて海路東京へ向かうというルートは、産地から直接貨車で東京に輸送する方法に代わっていったのである。

ただし過渡的に、塩釜までは鉄道、そこからは東京までは汽船というルートが形成された。貨車を一度に調達できなかったり、発駅に銀行支店がなく荷為替が取り組めなかったり、また鉄道の方が運賃が高いなどの事情があったからである。しかし、こうした制約が

解消されるにしたがい貨物は東京へ直行するようになった。

米は終着駅上野に続く貨物駅秋葉原に運ばれた。秋葉原駅は神田川の水路や神田川市場に接していたから、米穀取引には至便であった。秋葉原駅には関東や東北の産米が集まり、取扱量は九〇年代末の一八万石が一九〇四年（明治三七）には五〇万石へと急増し、以後も順調に増加していった。

日露戦後の低迷

しかし、本石米は明治末になると声価が低下していった。大消費地東京には、人口増加により需要が拡大するにしたがって、各地の産米が集まるようになり、各産地間の産米がシェアの維持・拡大にしのぎを削って競争が激化するようになったからである。

このため、たとえば桃生(ものう)郡の産米は、日露戦後になると調整と俵装の不完全、乾燥の不良と稗(ひえ)の混入という「我産米の著大なる欠点」が指摘されるようになった。また東京米穀取引所には本石米を格付け表から除外するという意見もあったといわれる。

ところでちょうどこの時期に、九州の肥後米が東京市場に「殴り込み的な進出」を遂げようとしていた。このため相対的に声価が劣る本石米は、後退を余儀なくされた。さらに一九〇五年（明治三八）以降は、大凶作の影響もあって東京市場への移出量はさらに低迷していったのである。

秋田腐米

東北産米、とくに日本海側の産米は低質であった。その代表的なものが「秋田腐米」であろう。秋田県の仙北・平鹿・雄勝の南三郡の産米は「仙北米」と呼ばれ、県外に盛んに移出されたが、乾燥が不良で収穫翌年の初夏頃にしばしば変質し腐敗した。このため一般に「秋田腐米」と呼ばれて市場の評価は著しく低かった。

南三郡は湿田地帯で、しかも収穫前後からは降雪や驟雨が続いた。刈り取った稲穂を湿田に浸して稲茎を乾燥させる慣行も加わり、十分乾燥しないまま俵装することに原因があった。

「腐米改良」は、まず明治前期の殖産興業政策の一環として、内務省の補助を受けて取り組まれた。これは乾燥用の稲架に対する補助である。明治中期の改良は乾燥・調整・俵装に限られ、耕地整理など農法の改良にはいたらなかった。改良米が市場で声価をあげたこともあったが、全体として事業は遅々としてすすまなかった。

一八九〇年（明治二三）三月に秋田県は「輸出米穀商組合規則」を定めて、県外移出米には検査を義務づけた。これは、青森・宮城・新潟・富山・滋賀などの各県がすでに米穀検査を実施している現状をみて、四斗俵に統一し等級を付して規格化をはかり、移出を促進しようとするものであった。秋田県庁は先行する宮城県の事業を調査して参考にしている。

しかし、等級検査と四斗俵への統一は、当初から反対が多く順調にはすすまなかった。また検査の不統一は紛争を生んで、九二年末には規則の廃止建議が県会で可決され翌年に組合は解散となった。米穀検査の挫折は、同県産米の商品化の進展を限界づけた。

改良の限界

米穀検査の不振は、乾燥不良など腐米改良事業の停滞に基因していた。一八八〇年（明治一三）頃には改良米の一部に比較的高価格を実現するものがあった。しかし、八〇年代半ば以降、むしろ事業は後退していった。農商務省が八二年に開催した共進会で、仙北米の評価は惨憺たるものであった。

> 平鹿・雄勝・仙北三郡は容易に良品にすすむことができない。本会への出品はこの三郡のものだが、乾燥がすこぶる悪く保管に耐え難く、品質も不良で「下部の下品」である。（『米・麦・大豆・煙草・菜種共進会報告書』）

八〇年代後半の秋田県勧業課の報告書『秋田県六種勧業別報』四号（八七年五月）も、次のように改良米の限界を指摘し、腐米改良はかえって退歩したと評した。

> 改良一等米と称するものは、南秋田郡産の「普通地廻米」の下等米にもはるかにお

よばない。それ以外は四月になって「腐食」を呈するのが過半である。さらに、粗悪な籾が混入するものがあり、ほとんど食用に供することができない。

腐米改良は行き詰まった。新たな産米改良の方向は、乾田化に基づく農法の改良であった。秋田県勧業課は、「米質改良彙説（いせつ）」という記事をこの報告書に連載し、適時に田の水を落としたり、灌漑（かんがい）や、施肥（せひ）による土質改良、稲架がけと貯蔵方法の改良を説いている。一九〇〇年頃から進展する耕地整理による乾田化の指摘はまだないが、農法改良による産米改良を目指す方向を示したものといえる。

北海道市場での評価

しかし、一八九〇～一九〇〇年代には改良はなおすすまなかった。鉄道敷設がすすんで、一九〇〇年代半ばには奥羽線が県内を縦貫し停車場に接続する道路網も整備されたが、産米は鉄道によって、東京方面ではなく反対に北の方へ運ばれた。青森から北海道へと向かったのである。

しかし、日本海側の比較的質の低い産米が集まる北海道市場においても、仙北米は不評であった。一八九四年（明治二七）に函館商工会会頭は、秋田米が越後米・越中米に比し品位が劣ること、その原因が乾燥不良によって生じる「腐気」にあること、俵装が粗悪で破損・脱漏すること、品質が不統一で一定した等級がないなどと、きびしい評価を下している。小樽商工会議所は、仙北米は秋田県では一等米だが小樽では三等米だとも評している(『秋田魁新報』一八九九・五・一七)。

当時越中米などは、すでに米穀検査による産米改良がすすんでいたから、検査が中途で挫折した仙北米は北海道市場においても販路が限られた。北海道市場においても米穀検査による規格化が重要になったのである。

西日本の防長米・肥後米の改良

次に西日本の産米改良を、山口県の防長米、熊本県の肥後米についてみてみよう。いずれも近世期から大坂・兵庫市場における声価が高かったが、明治前期には声価を落として産米改良が課題となった。まず、旧藩時代の防長米は、年貢の徴収に藩がきびしくのぞんだため大坂・兵庫市場における評価はきわめて高く「他藩米を凌駕」したといわれる（『防長米同業組合業務成績』、以下『業務成績』と略す）。

阪神市場の防長米

阪神市場では大粒米が好まれ、山口県地方では白玉種など大粒の種を多く産したが、これは海外輸出にも適していた。米穀輸出が活発化すると兵庫の米穀問屋は、各地の米を集荷して外商に売り込んだが、輸出に適する日本米の産地は「山口県を以て第一」と評していた（戸田忠主『日本産米品評会要録』）。

しかしこの防長米も、年貢の廃止を機に粗製濫造がすすんで、かつての名声はたちまち地に墜ちたといわれる。一八七六年（明治九）にはすでに、阪神市場での価格は競争相手の肥後米よりやや下位になっており、その差はなかなか縮まらなかった。また一八七七年までは、堂島米商会所の標準米である摂津米より高値にあったが、翌年に逆転して年々格差が開き、以後約一〇年間価格はそれを下回った。不振の原因は乾燥の不十分や異物の混入などであり、県内では産米改良の実施が唱えられるようになるが、これに取り組んだのが山口県庁であった。

山口県の改良政策

山口県は一八八三年（明治一六）に県下を二七の農区に分け、それぞれに役員をおいて勧業政策をすすめる体制をつくった。その三年後の八六年一月に県は諭達を出し、「物産第一」の防長米が声価を落として「越中下米」と同程度になっているとして、その打開に乗り出した。同時に七ヵ条からなる「米撰俵製改良方法」を定め、この実現のため同年末に「米撰俵製組合」と「米商組合」という二つの組合を組織した。

表8　佐波郡米撰俵製組合の違約規則

違約行為	違約金額
種子を精選せざるもの	5銭～30銭
乾燥調整を改良せざるもの	10銭～1円
升量の規約に違うもの	10銭～1円
俵製の改良法を履行せざるもの	5銭～1円
組合の費金を出さざるもの	20銭～1円

（出典）『佐波郡米撰俵製組合規約』をもとに作成。

前者は地主を含む農業者を対象に各農区ごとに組織された。各農区ではそれぞれ米撰俵製改良組合規約を定め、改良事項を具体的に明記した。種子を精選し培養・耕耘に充分注意する、乾燥調整に注意する、青米・籾・稗・土砂交じりや半乾のまま調整しない、青米・砕米・粃を除去する、脱漏・損敗がないよう俵装を堅固にする、容量を四斗四升とするなどの事項である。栽培方法についての定めもあるが、多くは収穫後、商品としての米を造り上げる調整過程に関わる規定であった。

組合のねらいは、「違約者処分」をみるとより明瞭である。たとえば佐波郡組合の処分対象は、表8に示した五つの違反であり、それぞれに違約金が課された。やはり調整過程が重視されたことがわかる。

しかし、調整を徹底して価格が上昇しても、利益の大半を手中にするのは地主や自作農であり、小作料を地主に納める小作人には利益が少なかった。このため事業をすすめるには、地主から小作人に対する一定の「賞与」が必要になった。たとえば美禰郡の「米撰俵製改良組合規約書」には、小作人に対して地主が手数料を与えることを定めている。後者は粗製濫造を抑制するため、やはり各農区ごとに米穀商を組織して米商組合を設立し、それらを統轄する米商組合取締所をおくことを定めている。この取締所の目的は第一に、輸出米検査所を設けて県外移出米を検査することであり、また第二に、米穀商の行動を監督して不正や粗悪米の取引を取り締まることにあった。翌八七年三月には馬関（下関）・三田尻・下松・柳井・小郡など主要八港に輸出米検査所が設置され、県外移出米の検査がはじまった。輸出米検査規則によれば検査は米商組合取締所が実施し、不受検などの違反者には拘留や罰金などが科された。

防長米改良組合の発足

こうして検査体制が発足したが、当初はそれが十分には機能しなかった。米撰俵製組合の設置が遅れる村が出たり、不加入者が続出して説諭や処分があいついだ。また小作人に賞与を支給して事業を円滑にすすめようという地域もあったが、与えずに紛争が起こる場合が多かった。米の販売額の多い農家は改良による価格上昇を望んだが、米穀商は改良の有無を問わず買いたたこうとした。また厳格な検査所がある一方で、不合格でも売買を許す検査所があるなど、検査所間の検査の精粗が明らかになった（『米撰俵製一件』山口県文書館蔵）。地主・小作間、農家・商人間、地域間で多様な利害の不一致が生じたのである。

このため、一八八八年（明治二一）三月に米撰俵製組合と米商組合を合同して、同業組合準則による防長米改良組合が発足することになった。組合は一方で生産農民や地主を組織して、米の生産と調整の改良により規格化をすすめるとともに、他方で県内の米穀商をも組織して県外移出米を検査し品質管理を行おうというものであった。つまり「地主・自作、小作等の生産者及び仲買小売等の米商者を悉く網羅」（『業務成績』）して組合員としたところに特徴がある。九八年に同業組合に改組されるが、組合員の構成は同様であった。一九〇〇年頃の組合員数が一二万数千を数える大組織であるのはこのためである。

輸出米検査を管轄する防長米改良組合取締所には、山口県から補助が交付されることになった。また八九年には、組合員が県下全域に広く存在したため、組合経費の徴収事務がこの年に誕生する行政村に委嘱されるようになった。このように、防長米改良組合による産米改良は、県や町村の支援をあおぎ県下の地主・生産者・米商人を組織した一大事業となった。

難航する検査

しかし、発足当初の防長米改良組合の規制力にはなお限界があった。たとえば一八九〇年（明治二三）には、吉敷郡の検査が不徹底なため、隣接する厚狭郡東組合から無検査米が流出し、組合経費の未納者が一〇〇〇名を超えて処分すら困難となった。このため厚狭郡東組合は規約を遵守するよう山口県に意見書を提出した（『防長米改良組合一件』山口県文書館蔵）。

また同年には、吉敷南部の米穀商が、防長米改良組合からの離脱を求める請願を県庁に繰り返し提出した。彼らは次のように、経費の負担が米穀商にかたより検査も不徹底であると訴えて、別個の組合の設立を県に要求したのである。

> 組合の制裁力が甚だ弱いのを知って、ある者は経費の納入を拒み、またある者は組合加入しない。ことにある地方の米商者は新組合を嫌って、「相結託」して商人と農業者の分離を主張し、「紛々擾々」がたえず、組合の事業は風前のともしびである。
> （『業務成績』）

このため改良組合は九三年七月、同業組合準則に依拠した組合では不徹底であるとして強力な手段に出ることになる。すなわち県は、防長米改良組合取締規則を県令により発布して、「頑迷固陋」の組合員の「制裁」をはじめた。農商務省はこれを「不穏当」としたが、制裁がなければ目的は達成できないと県は回答し、強硬な姿勢をとった（『防長米改良組合一件』）。

検査の徹底

山口県は検査の徹底をはかるため翌一八九四年（明治二七）、防長米改良組合取締所を組織し直して検査体制を強化し、検査逃がれを追及した。すなわち九五年になると、まず美禰郡では他郡へ通じる要路に出張員をおいて監視をはじめた（『防長米改良組合一件』）。吉敷郡北部では無審査米の売買を防ぐため臨時書記を選任して組合内の町村を巡視させたり、常時見張り人を設置して違約者を取り締まり、違反者には「説諭、戒飭（かいちょく）」して違約金を徴収した。佐波郡南部でも見張り所を設置したり、要所に見張りをおいて無検査米の県外流出を監視した。

違反者は新聞紙上などにその姓名が公表され違約金が徴収された。さらに改良組合は、取締を励行（れいこう）するため警察の協力を求めたり、処分に服さない違約者には裁判を起こした。九五年には違約金の支払いを命じる判決が出ている。

このように強制的に検査が徹底される一方で、検査事業を円滑化するため検査場所を県下各地に広げた。九四年までは先の八ヵ所であったが、九五年からは六〇ヵ所を超えるようになり、九九年には一〇〇ヵ所を上回る検査所が設置されることになった。検査が強化される一八九〇年代後半は県内に山陽鉄道が延伸していく時期にあたり、一九〇一年には下関まで開通した。検査所は移出港に加えて、新たに県外移出の拠点となった停車場にも設置されていった。こうして検査は日清戦後期に、「事業亦大に進む」（『防長米同業組合第一回成績報告』）と評されたように大幅に進捗していったのである。

さらに注目すべき点は、九六年から一三組合が試験田を設置し、米麦作に関する試験研究を開始したことである。すでに産米改良事業をはじめた頃から、山口県は石灰の多用を戒めるなど、市場での評価の向上には農法改良が必要なことを認識していた。九五年に県立農事試験場が設立されると、改良組合はそのもとに一七ヵ所の試験田を設置して、生産面からも産米改良をすすめようとした。試験田には農業技術者が配置され、各地で講習会などが開催されるようになった。

ライバル肥後米

防長米の改良は熊本県の肥後米を強く意識してすすめられた。毎年刊行される防長米改良組合取締所の事業報告書には、一八九五年度から大阪市場における防長米価格の調査欄が掲載されるが、毎回必ず肥後米と摂津米との価格と比較されるようになった。九五年版には「現在我が防長米と競って産米改良を施し、市場で競争しているのは、大阪では摂津・肥後、下関では豊前・筑前の産米である」と記されている。同業組合に組織がえしてもこの欄の価格調査と比較はそのまま継続している。

すでにみたように、防長米は明治初年から一八八〇年代中頃まではほぼ毎年、大阪市場における価格が肥後米より下位にあった。大阪の摂津米との関係も同様である。しかし、八〇年代中頃からは伯仲するようになり、九〇年代に入ると逆転して肥後米・摂津米の上位に立ち、その差も開きはじめた。一九〇四年度の事業報告書には、防長米の価格が大阪市場において肥後米・摂津米を上回り、下関でも肥後米・筑前米・豊前米を凌駕するにいたったと述べている。大阪市場の標準米である摂津米、九州の優良米である肥後米は、常に防長米が鋭く意識し競争する対象であった。

肥後米の名声と没落

それでは、日清戦後に防長米に引き離された肥後米は、その後どうなったのであろうか。近世から大坂や京都の市場では、肥後米の声価はきわめて高かった。また将軍にも献上されて「将軍家の飯米」と称され、江戸市中では鮨飯として知られた。熊本藩も年貢米の収納に「厳撰主義」でのぞんだ。きびしい検査によって品質不良、升量不十分、俵造粗雑を取り締まり、農民は精根を尽くして精選したといわれる。「藩の威令」によるきびしいチェックが、「天下の肥後米」を生んだのである。

しかし肥後米もやがて、維新後の変革により強制的な年貢米管理がなくなったため、品位を落とすことになった。また蔓延する虫害による損失を償うため、品質を犠牲に多収穫品種を栽培したことも粗悪化を助長したといわれる。調整や俵装も粗雑化し、県内の米商人は容量を増やすため米俵に湿気を含ませるようになった（『肥後米券社史』）。

防長米との格差が拡がる一八九〇年代半ばには粗製濫造がさらにすすみ、大阪堂島米穀取引所の評価を大きく落とした。九五年開催のある博覧会では、福岡県や山口県の産米に劣り、二等以上の入賞がなくなり惨憺たる結果に終わった。

一八八〇年代後半になると県内各地で産米改良の試みがはじまった。たとえば阿蘇郡に設立された阿蘇郡米穀改良組合は、郡内を四区に分け、生産者の全員加入を義務づけた。その規約「阿蘇郡米穀改良規約書」（「中路文書」熊本県立図書館蔵）によれば、「種子精撰」「刈取」「乾燥」「調整」「製俵」の方法が詳細に定められている。たとえば乾燥をみると、野干は三日以上、雨に濡れないよう注意し、濡れたものは別に調整する、筵干は三日以上とし、野干が不足のときは十分乾燥することなどと定められるなど、乾燥作業方法が具体的に記されている。さらに違反者には、「説諭」や「違約金」などの罰則規定があった。ただしこの阿蘇郡の規約には米穀検査の規程がない。おそらく、検査体制をつくりあげる困難や費用の制約などから、検査による徹底した管理はできず、生産者全入の組合を組織して役員の指導によって規約を遵守させ、乾燥・調整・俵装の改良を徹底しようとしたものと思われる。しかし、その効果には限界があったといえよう。

肥後米輸出同業組合

一八九六年（明治二九）に山口県知事から熊本県知事に転任した大浦兼武（おおうらかねたけ）は翌九七年、県の産業計画の方針を検討する勧業諮問（しもん）会で、京阪市場における肥後米の価格が年々低落し、福岡県や山口県産米と比較して一石あたり三〇～五〇銭下位にあることを問題にした。「往年全国に名声が高かった肥後米が後進の防長米におよばないのはなぜか」、「覚醒一番大（おお）いに奮励」すべきだと述べ、米穀検査を「第一の急務」として、その徹底による肥後米改良を訴えた。こうして、重要輸出品同業組合法に基づいて九八年に設立されたのが肥後米輸出同業組合である。

山口県の場合とは異なり、組合に組織されたのは地主・米商人・運送問屋・仲買商など一五〇〇人程度にとどまり、米作りに直接従事する農家は加入していない。同業組合組織は同業者の五分の四の同意が必要であり、県下六万人の農家の同意と調印をまとめるのは事実上不可能とみられたからであった。

組合は九八年九月から米穀検査を実施し、同時に県は訓令を出したり輸出米検査規則を定めて検査体制を整えた。はじめ、県内一九ヵ所で検査がはじまり、合格・不合格・格外米の三段階で乾燥・調整・俵装を検査した。九九年の熊本県販売米取締規則によれば、販売米は「乾燥充分」「調整及俵装完全」「異種混合せざるもの」に限られ、四斗入りとすることが定められた。

規格化の進展

しかし、全国的な規格である四斗俵への統一は難航した。当時県内の米俵は、たとえば八代（やつしろ）地方は三斗五升、高瀬地方は三斗七升、阿蘇地方は三斗一升など七種に分かれ四斗はなかった。それを四斗に統一するのは「三百年の旧慣を打破」することで、さらに俵形や寸法まで定めて改良するには種々の問題が生じたという（『肥後米輸出同業組合史』）。

発足当初の組合は一九〇〇年（明治三三）まで、四斗俵への統一、俵装の改良、および青米・砕米・籾の混入の排除を最大の課題として取り組んだ。その理由は、組合の理事が「商品価値の増大は規格の統一からはじめるべきだ。容量の標準化が第一に市場価値を高めるであろう」（『続肥後商工先達小伝』）と述べたように、産米の規格化を重視したからであった。

実際に、四斗俵への統一は取引計算や運搬などに便利で、同時に二重俵と中俵の藁（わら）を前年産のものと定めたことにより虫害を防ぐこともできた。こうした効果が現れたため、反対者も次第にその利益を認識し、短期間で統一がすすんだという。

次いで一九〇一年からは、全県の産米をはじめ一～三等・格外、のちに一～五等・不合格に等級区別し、さらに検査基準をそろえるため、各検査地から各俵一串ずつの検米を抜き取って熊本に送り検査会を開くことになった。不合格米の基準は俵装が規格外であること、容量が四斗を欠くことであり、等級は乾燥・調整などの良否によるものであった。

一九〇七年（明治四〇）末に組合は創立一〇周年をむかえ、組合長内柴敬持は京阪市場の信用回復と販路拡張、および価格の上昇などの成果を報告した。豊筑米より一石あたり三〇～五〇銭下位であったのが、ついに五〇～八〇銭上位へと上昇したからである。

米券倉庫の設立

その翌年に組合は米券倉庫に発展する。そのモデルは、山形県庄内地方の酒田町にある一八九三年創立の山居倉庫であった。米券倉庫とは、入庫する際に米穀検査を実施して倉庫証券・米券を交付し、これに有価証券と同様の売買や金融を認めるものである。一九〇四年からすでに、熊本県内の一部の地域には米券倉庫が設置されていたが、〇八年に中央倉庫として熊本市に肥後米券倉庫株式会社が設立され、同社のもとに県下各地の米券倉庫を肥後米券倉庫組合として組織したのである。

米券所有者は希望する倉庫で現米の受取が可能となり、一～五等にランク付けされた肥

図８　肥後米券倉庫への入庫風景（1910年）

後米は一層規格化がすすんで産米取引ルートの改革をもたらした。従来県内には産地問屋が不足し、長崎・小倉・下関などの問屋を介して取り引きしていたため、産地や消費地には不利益であった。米券倉庫は米券を担保に融資を行い、産地問屋に代位する機能も果たしたのである（中村尚史「北部九州における近代的交通機関と商品流通」、中西聡・中村尚史編著『商品流通の近代史』）。

ところで、米券倉庫に入庫する米の八～九割は、地主の小作米や米商人が取引する米であった。米穀検査に合格するよう産米改良に従事し苦労するのは生産者であったが、その利益は主に地主や商人が手中にすることになった。自作農であれば価格上昇分を得ることができたが、販売量が比較的少ない小作人には益するところが少なかった。このため熊本県は一九一一年に、米穀検査を県営化すると同時に地主会を結成し、小作米の収納にも米券倉庫を利用し、等級により奨励金などを小作人に与えようとした。しかし小作人の保護には限界があり、まったく奨励金などを与えない地主も多かったといわれる。

中村貞介の招聘

中村貞介（ていすけ）は肥後米の改良に尽力した人物として知られている。彼は肥後米輸出同業組合の成立から米券倉庫の設立にかけて実務に携わり、のちには米券倉庫の社長となったが、生まれは山口県で熊本に来るまでは防長米の改良事業に携わっていた。山口県での実務能力が評価され、熊本県に引き抜かれる形で転任してきたのである。

その事績と生い立ちは、『肥後米券社史』や熊本県立商業学校調査部編『続肥後商工先達小伝』（一九三六年、以下『小伝』と略す）などにまとめられている。それによると、一八七〇年（明治三）に山口県吉敷郡山口町に生まれたが家庭環境に恵まれず、小学校高等科を卒業して私立中学に入るが中退して印刷工となった。八七年に米作講習所に一年間入所したのち、防長米改良組合取締所の発足と同時に雇書記に採用された。「肉眼鑑定の妙手（みょうしゅ）」といわれ、同取締所長の吉富簡一に抜擢されて書記兼検査監督となった。県下各地を回り、鑑定には観察だけでなく生の玄米を口にしたため慢性の胃病を患ったという。九三年にはすでにみた「日本産米品評会」を視察するため神戸に出張している。

熊本県に招かれる

二七歳のとき貞介は、産米改良に従事するため熊本県に招聘(しょうへい)された。肥後米輸出同業組合の内柴組合長は、大浦知事の内命を受けて一八九八年（明治三一）一月に山口を訪れた。表面は防長米改良組合の視察だが、実は貞介を同業組合の主任として招聘するのが目的であったといわれる。しかし貞介ははじめ、熊本への転任に同意しなかった。ちょうど山口では、組合に重きをなしつつあった頃で、同業組合への改組の準備に追われていた。『小伝』によれば、仕方なく内柴組合長が貞介の招聘を大浦知事に交渉したところ、知事が承知して吉富所長に説得を依頼したという。吉富から、

どうせ二、三年もすれば山口へ帰って来れる様(よう)に取り計らうから是非頼む。君をなくしては組合としては非常に迷惑するけれども知事の命とて致し方ない。観念して行ってくれ。

といわれて決心し、九八年四月に山口を発(た)った。

熊本着任後、同業組合設立の事務に取りかかった。その後、三〇歳でその名前は熊本県下に行き渡り、四〇歳頃には「肥後米の父」として県外でも知られるようになったといわ

れ、山口に帰ることはなかった。また熊本白米同業組合の組合長をへて熊本県農会常任幹事となり、県下の農業政策のブレインとして知事の知遇を受けた。そのほか熊本米穀取引所の受渡米格付け審査長、熊本県出品協会常務理事などを歴任した。一九一二年に内柴が亡くなると米券倉庫会社の社長に就任し、その経営に専念することになる。

このように熊本でも県をあげて産米改良をすすめたが、先行する山口県の制度を導入するとともに、それを運用する技術者をも同時に招いて円滑な事業運営をはかったといえる。四斗俵の導入は貞介が強く主張したものであるが、おそらく山口での経験に基づくものであろう。比較的短期間のうちに成果を収めたのは、こうした制度と実務者の「移植」によるところが大きかったといえよう。

東京市場へ殴り込み

こうして日露戦後になると肥後米の規格化は徹底し、汽船によって東京市場に大量に輸送されるようになった。深川の諸倉庫に入庫する産米量を産地別にみた図9によれば、九州米は一八九〇年（明治二三）・九三年・九七年・一九〇二年・〇三年・〇五～〇七年に増えている。とくに明治末年の増加が目立つが、その多くは肥後米が占めていた。

このため東京市場では、肥後米の大量進出のあおりをうけて駆逐（くちく）される産米が出てきた。

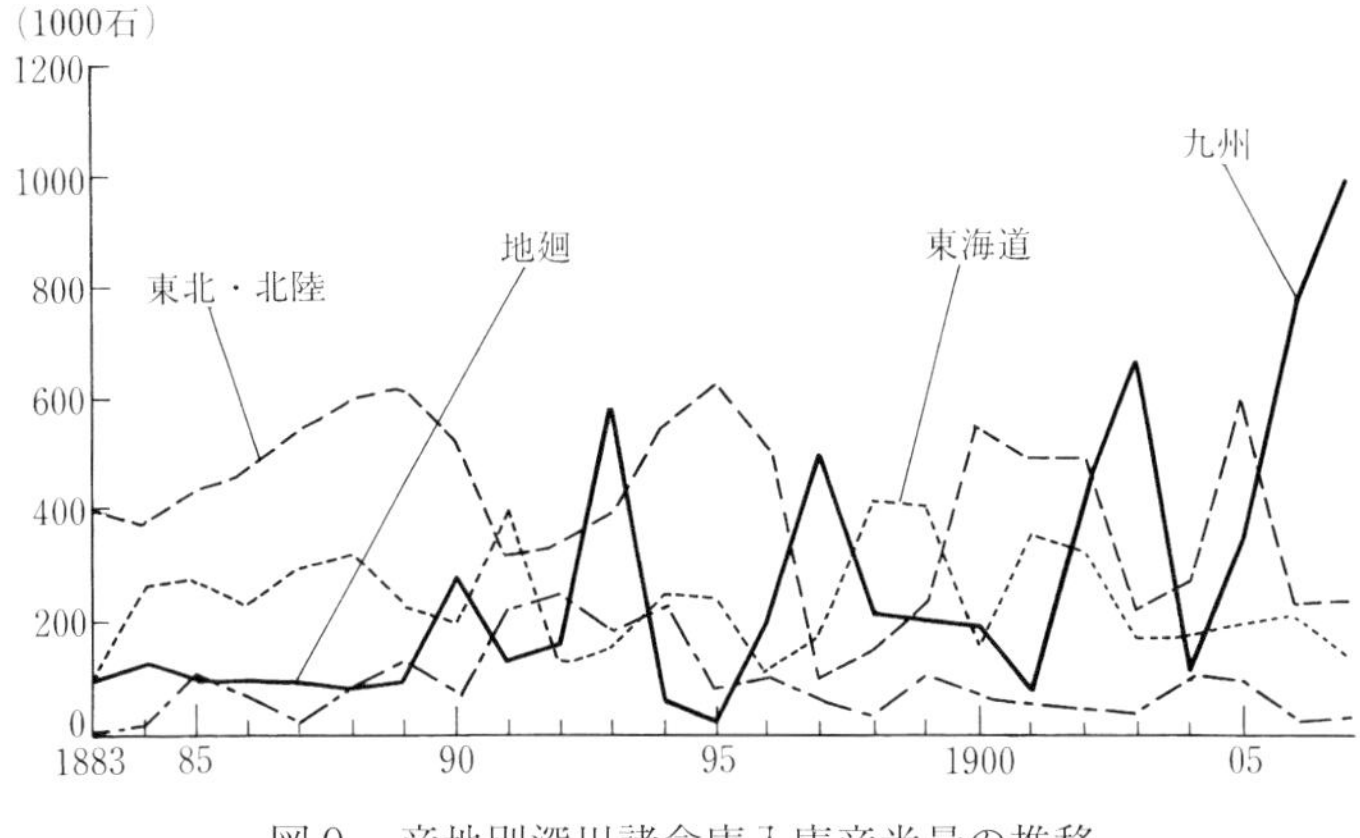

図9　産地別深川諸倉庫入庫産米量の推移

（出典）　東京廻米問屋市場『東京廻米問屋市場沿革』(1918年)、東京廻米問屋組合『東京廻米問屋第二回玄米品評会要件録』(1891年)、『東京経済雑誌』451（1889年1月）をもとに作成。

この図をみると、東北・北陸と九州の産米が九〇年代半ばから、一方が大量に深川に到着すると、他方は低迷するという関係が明瞭になり、深川市場において両者が競争を繰り返していたことがうかがえる。たとえば宮城県産の本石米（ほんごく）は明治末に評価を下げたが、これはちょうどこの時期に肥後米が東京市場を席巻（せっけん）し、その「殴り込み的な進出」に敗れたためであった（玉真之介（たましんのすけ）「米穀検査制度の史的展開過程」『農業総合研究』四〇―一）。

それぞれの産地で米穀検査が活発化すると産地間の競争が激化した。本石米の産米改良は東北地方のなかでは比較的順調にすすんだが、有力な競争相手の出現や検査・改良の相対的な停滞は、即座に販路を狭めるという結果をもたらしたのである。

朝鮮米の本格的参入

ところがその頃、より一層大規模な「殴り込み」があった。それは朝鮮米が国内市場に本格的に参入してきたことである。

とくに大阪では朝鮮米が多量に輸移入され、大阪市などの中下層民の需要に応えた。朝鮮において日本人輸出商は、買い取った米を大阪に向けて「仲継業者」に託して発送し、同時に大阪宛の荷為替手形を振り出した。こうした輸送業者と金融機関がある程度整備されていたため、朝鮮と大阪間の直接の取引が可能となったのであろう。また大阪には、朝鮮米を専門に扱う「引取商」もいた（『大阪外国貿易調』一九〇四年版）。

朝鮮米には調整の過程で砂が混じるという問題があったが、形状や品質は国内産米に近く、かつ安価であったため急速に消費が広まった。大阪港の重要輸出入品を毎年調査した『大阪外国貿易調』（一八九六年版）はその事情を次のように報告している。

輸入外国米のうち朝鮮米は砂石が混じ、粒が小さいという欠点があるが、その形状・品質は頗る本邦米に類似するので、その上等白米は中流社会以下の飯米に供される。ことに当地大阪では細民（さいみん）にいたるまで麦を嫌い下等米を用いるので、その需要は少なくない。

朝鮮米の年平均輸入量は一八八〇年代には二万石ほどであったが、九〇年代には二九万石、一九〇〇年代には三九万石へと急増した。このほとんどすべてが国内の正米市場に供給された。一方各県の県外移出量をみると、たとえば宮城県は一八九〇年代に一二万石、一九〇〇年代に一〇万石、秋田県は一八九〇年代に一七万石、一九〇〇年代に二五万石、富山県は一八八〇年代に四〇万石、九〇年代に四三万石程度であったから、朝鮮米の国内正米市場への供給量は有力な一県分に匹敵し、その影響力は大きかった。

朝鮮米の影響

朝鮮米を実際に大阪市場で競合する関西方面の米と比較すると、砂が混じらなければきわめてその評価は高かった。

朝鮮米は関西地方の産米と比較して甚しい遜色はない。大阪正米市場における調査によれば、朝鮮の無砂米は岡山・広島辺の中国米と同格であり、関東や奥羽地方の米よりははるかに良好である。（『中外商業新報』〈以後、『中外』と略す〉一九一一・二・二八～三・六）

大阪市場において肥後米が、価格を防長米よりも下位に低迷させ、その改良を強く要請されたのは一八九〇年代半ば以降のことであった。そして、九〇年代末からはじまる産米改良が一定の成果をあげて東京市場の方に進出していくが、それは大阪市場では防長米だけでなく朝鮮米と競合しはじめたからともいえよう。

こうして国内の産地では、より徹底した米穀検査が必要になった。一九〇〇～一〇年代に、府県営の米穀検査が各地で本格化し徹底するのは、このように国内市場において、朝鮮を含む産地間の競争が激化したからであった。

日露戦後の米穀輸移入関税

米不足の予想

一八九二年（明治二五）の大蔵省の調査『米価ヲ平準ニスル方案』は、次ページの表9のように、一八七九年から九〇年までの一二年間に米の作付増加面積を年平均一万八七三九町歩、これに同期間の平均反収一・二九石を乗じ毎年の平均増収量を二四万一七三三石と推定する。いまこの平均増収量を、一人あたり年間消費量一・〇九五石（一人一日三合）で除すと二二万〇七六一人となる。これが毎年新たに「養う」ことができる人数となる。ただし、この調査は米食割合を七割程度と見積もり、この二二万人余を〇・七で除して三一万五三七三人という数字を出している。これがこれから毎年、日本国内の米作が人口増加に対応できる限度である。ところが現実には、毎年

表９　米不足を予想した大蔵省の調査結果

年平均の作付増加面積（1879～90年平均）	187,390反（ａ）
平均反収（同上）	1.29石（ｂ）
毎年の平均増収量　（ａ）×（ｂ）	241,733石（ｃ）
（ｃ）が「養ふ」ことができる人口 　1.095石/１人１年として　（ｃ）/1.095 　米食割合70%として　（ｄ）/0.7	 220,761人（ｄ） 315,373人（ｅ）
毎年の人口増加	425,898人（ｆ）
（ｄ）/（ｆ）	52%
（ｅ）/（ｆ）	74%

（出典）　大蔵省主計局『米価ヲ平準ニスル方案』（1892年）をもとに作成。
（注）「七割内外は米食する者」（同上）とあるので、米食割合を70%とした。

平均の人口増加は四二万五八九八人にのぼっている。そのうち実際に「養う」ことができる三一万人余は七四%にすぎない。したがって、増加人口のうち二六%には主食が供給できないことになる。つまりこの調査は、毎年の米の増収が人口増加に追いつけないという結論を出しているのである。

一八九〇年の米価暴騰直後から、すでに政府は将来米不足が深刻になることを予想していた。実際、国内の作柄が悪いと輸入量は膨大になっていた。一〇〇万石を超える輸入は、一八九〇年に続いて、九四年・九七年・九八年にあったが、一九〇一年以降になると毎年続くようになった。

米輸入額の急増と国際収支

米穀輸入の急増は大きな負担になった。もともと国際収支は悪化していたが、輸入米に要する正貨の流出がさらに加わったからである。一九〇二年（明治三五）の秋は関東・東北の「大凶作」のため輸入が活発になり、一〇月には横浜貿易の動向を左右するほどの輸入額となった（『米界資料』）。新聞は次のように輸入増の原因が米穀輸入にあることを報じている。

> 外国米輸入の結果、貿易の均衡に一大変化を見るに至った。……即ち毎旬報は一六〇～一七〇万円の輸出超過を示してきたが本月上旬は逆に一〇万円の輸入超過となった。……生糸輸出は〔むしろ〕増加している。この現象をはまったく外国米の輸入増加によるものである。（『読売』一九〇二・一〇・一二）

米の輸入が横浜貿易の短期的動向を左右するほどになったのである。この翌年一九〇三年からは五〇〇万石前後の輸入が〇五年まで続き、その後も常に一〇〇万石を上回った。この〇三～〇四年の米穀輸入額は巨額で総輸入額の一六%を、〇五年には一〇%を占め、その後も平年でも五～六%程度を推移した。

日露戦争が勃発した一九〇四年二月、農商務大臣清浦奎吾が「平年には輸入米の額は一〇〇〇万円を超えないが、凶作があればたちまち七〇〇〇万円の正貨を流出しなければならないのは恐るべきことだ」と述べたように、米穀輸入がもたらす正貨流出は深刻な問題となった。

台湾米「改良」の限界

新たに植民地となった台湾（たいわん）からの移入には、正貨が不要となった。しかし台湾の在来米はインディカ種であり、日本米とは大きく質が異なっていた。台湾米の「改良」には二つの方向があった。一つは、台湾在来種の「改良」であり、もう一つは、日本種を導入する試みである。いずれも台湾の植民地化直後からはじまった。

台湾米改良の基本方針を在来種改良、日本種導入のどちらにするかについては、総督府の内部で議論があったといわれる。農事試験場の藤根吉春（ふじねよしはる）は一九一一年（明治四四）二月に発表した論文のなかで、日本種は在来種より多収穫で価格も高く、質が落ちる赤米の除去も容易だと、日本種導入が有利であることを主張した（『台湾農事報』五二）。

これに対して、一九〇六年に台湾に赴任した米麦改良主任技師長崎常（つね）は、日本種導入を否定しなかったが、それは技術的に難しく「少なくも数十年の歳月を要す」とし、より現実的な在来種改良を説いた。亜熱帯の台湾では、日本種はよく生育しなかった。気温の低い高地では栽培できたが、平野部では生育期間が短い、丈が低い、分蘖（ぶんけつ）が少ない、出穂（しゅっすい）

が不揃いなどの問題が発生して安定した収量がえられなかったのである（末永仁『台湾米作譚』）。

のちに台中州立農事試験場長となった末永仁によれば、はじめは日本種導入論が有力であり総督府もそれを支持したが、その困難さが次第に判明し、また在来種改良が現実に一定の成果を出すと、後者が台湾米改良の主流となったという（同前）。

朝鮮の米作

一方朝鮮では、「優良品種」と呼ばれる日本種が急速に広まった。また一九一〇年代に朝鮮の米作は、灌漑設備が改善されたり、施肥量の増加、乾燥・調整の改良も急速にすすんで著しい発達を遂げた。一九二〇年代からは産米改良事業による大規模な水利事業が本格的に展開するが、それに先立ち溜池や小規模な水利施設を改修する事業がすすんだのである。

また日本種の導入は、台湾とは対照的に比較的容易にかつ速やかに普及した。朝鮮の米生産量に占める日本種の割合は、一九一二年（大正元）には五％であったが、一七年には五一％、二二年には七〇％と急速に広まった。

この日本種の普及は、品種の統一をともなうものであった。朝鮮の在来種は多様な品種が不統一に「各種混淆」していたが、それを標準的な数品種に統一しながら日本種化がすすんだのである（『朝鮮米穀経済論』）。当時なお日本国内では各府県ごとに主要な品種がまちまちであったから、朝鮮米の品種統一は規格化という点で市場での取引には有利となった（河合和男『朝鮮における産米増殖計画』）。

朝鮮米の輸出先

しかし、朝鮮米が日本国内に必ずしも円滑に輸入されたわけではなく、日露戦後に植民地化されてもしばらくは同様であった。一九〇八年（明治四一）から一九一二年までの五年間に、朝鮮から国外に輸移出された米の総量は年平均六五六万石であった。うち日本国内には三四九万石で約半数の五三％を占めた。しかし、「満州」（中国東北）を主とする中国には一三三万石（二〇％）、ウラジオストックなど沿海州にも八三万石（一三％）と、日本国内の米不足をよそに大陸への輸出量がかなり多かった。「満州」やウラジオストックでは輸入税が免除されていたため、朝鮮米が入りやすかったからである。したがって日本への輸移出は「そのため日々いよいよ減少」することになった（『読売』一九一一・九・一二）。

日本本国は朝鮮からの移入に対し、植民地化後も従前の輸入税と同率の移入税をそのまま賦課していた。一九一〇年八月、政府は韓国併合に際し、向こう一〇年間は旧関税をそのまま継続することを通商各国に宣言し（『明治大正財政史』八）、輸入税と同率の移入税が存続することになった。このため米にも移入税が課され、朝鮮米の円滑な移入を妨げていたのである。

『中外商業新報』は、朝鮮米移入の停滞の原因は移入税が「禁止的障壁」になっているからだと指摘し、「わが国は『高価』を払って朝鮮を『領土』としたにもかかわらず、同地の米を本国に移入して本国経済を『助力』できないのは、実に『愚も極まれり』というほかない」と嘆いた。

さらに同紙は、日本が米の「輸入国」となったにもかかわらず、移入税が課されているため朝鮮米がウラジオストックや「満州」の方に輸出されていると述べる。

> 現に朝鮮米は近年日本本国に多く来ないで、「浦塩（ウラジオ）」や「満洲」に多く輸出されているではないか。わが国の現状は「米の輸入国」である。これを「一変」して「輸出国」にすることも難しくない。これを今日実行できないのは主としてこの「愚なる」移入税があるためである。（『中外』一九一二・一二・二八〜三・六）

ここでは、朝鮮米によって日本が再度米の輸出国となる可能性もあると、その供給能力に着目している。

また台湾米も植民地化後間もない時期には、対日移出が円滑にすすまなかった。日清戦前には、台湾では米穀輸出に高額の税が課され輸出禁止の状態にあったが、密輸出も多くあったようである。米穀輸出は植民地化後に解禁となったが、日本本国向けは少なかった。台湾米の主な輸出地は、依然対岸の清国福建省(ふっけんしょう)であったからである。

台湾米対岸貿易

台湾総督府の調査によれば、一九〇一年（明治三四）・〇二年以前には、台湾から輸移出される米の大半は福建省向けであった。対岸からは雑貨が輸入された。植民地化直後は、対岸への米輸出が最も盛んな時期であった（台湾総督府民政部殖産局『産米及検査状況』）。ただし例外的に日本が凶作であった一八九八年には、日本人商人が台湾米を大量に買付けた。同年には、台湾北部から日本人商人が入りこんで米の買付競争が激化したため、台湾北部の米価は急上昇した。このため日本人商人は南部へと向かったが、ここでも輸出先の福建省の影響を受けて米価が高くなり仕入が思うように進捗(しんちょく)しなかったという。この事情は次のように伝えられた。

台湾の台南(たいなん)地方では米の出来ないところはない。この地方は小作人が非常に多いが、収穫の半数を地主に納め、残りは自らの「所得」として随意に市中(しちゅう)の「仲買人」に

> 売却する。これを買い取るのは打狗〔高雄〕の各洋行の買弁、清国の仁記号・和仁号・振発号、ならびに苓雅寮の与和公司などで、彼等はこれを廈門・汕頭・南澳・泉州・福州等に輸出する。……対岸の福州ほかの地方では現品が払底して米価騰貴が著しく、輸出は日一日と急増している。……〔台湾南部の〕鳳山付近の農民は現在「持米」があり多少売惜みをしている。安価なら投げ売りするが、値段が高いので「後の事はどうでもよし」として売り飛ばす無謀な者はなく、大に引きしまっているので、日本人の「買占連」も思うように運動が出来ない。（『読売』一八九八・五・二）

日本本国が凶作であった一八九八年においても、日本人商人が多量に買い付けることができたのは一部の地域にとどまった。台湾南部では、打狗（高雄）の中国人商人や外商の買弁を通じて、台湾米は華南沿岸の対岸各地へ売り捌かれていたのである。翌年以降はまた、対日移出を上回る対岸輸出があった。それが逆転して日本向けが多くなるのは、一九〇三年以降のことになる。

日露戦争と米穀輸入税

日露戦時の非常特別税として新設された米穀輸入税は、戦後も存続が決定された。それは地租増徴で負担増となった地主への見返りであり、また輸入を抑制して正貨の流出をはばむ効果も期待された。輸入税をかければ国内米価は高めとなり、小作米を販売する地主には有利となった。

日露戦時に臨時的に設けられた米穀輸入税の存在をめぐっては、戦後広範な議論をまきおこした。一九一一年（明治四四）関税改正の準備の一環として政府は一〇年頃から、戦後にも継続する米穀輸入税の検討をはじめた。

農商務省は米穀輸入税の存続ないしは増率を主張した。同省は「明治七十年」（一九三七年）の米穀需給を予想し、植民地朝鮮と台湾からの供給を前提にしても当初の十数年間は不足が生じるが、将来はほぼ需給が均衡すると判断した。このため、最大の供給源である国内米作が順調に発達するような保護が必要であるから、輸入税を継続もしくは増率すべきであるとした。

植民地米をできるだけ多く国内に取り入れながら、他方で国内農業をある程度保護し、輸入を抑制して正貨の流出をくい止めるという基本線は、関税政策を主管する大蔵省も同様であった。

米価高騰と輸入税低減

しかし、一九一一年（明治四四）後半から米価が上昇しはじめ、一二年半ばをピークとして一三年末まで高米価が続くと、米穀輸入税存続論は揺らいでいった。輸入税は一〇年三月、関税定率法第六条の規定により、通常は一〇〇斤あたり一円の輸入税を、凶作の場合には勅令によって四〇銭まで低減することが可能になった。

一九一一年七月、新しい税率一〇〇斤あたり一円が実施されたが、そのわずか一〇日余りのちには勅令により六四銭に引き下げられた。このように政府は、凶作を理由として輸入税を速やかに低減することが可能になった。一一年末に米価はいったん下がったので関税は一円に戻ったが、米価が高騰をはじめた一二年五月には再度引き下げられた。このときの下げ幅は大きく下限の四〇銭となった。その理由を政府は、米価が次第に騰貴して「細民」の生活がますます困難に陥るからだと説明した。そこにはもう「凶作」の文字はなく、米価の動向をにらんだ輸入税の低減が行われたといえる。この四〇銭の最低税率は同年一〇月まで続いた。

ところで朝鮮米移入税は輸入税と同率であったから、輸入税の低減は朝鮮米移入を促進する効果もはたした。またほぼ同じ頃、朝鮮でも日本本国への米穀移出を促進する施策が展開した。一九一二年五月に朝鮮総督府は、米作を朝鮮産業の中枢に据えるため米穀移出税を廃止した。小麦・大豆・牛など米以外の主要産物の移出税は、財政上の理由から一九年まで据えおかれたから、とくに米作が重視されたことがわかる。一二年五月の日本の輸入税率低減と朝鮮の移出税廃止は、日朝間の関税障壁を低くした。

また同年端境期の八〜一〇月、および翌一三年七月から一四年九月まで、国内の米穀取引所で朝鮮米・台湾米の代用がはじまり、受渡に植民地米を用いることが可能となった。なお定期取引の受渡に外国米を代用する制度は、九〇年と九八年に米価が高騰したときに一時的にはじまっていた。

こうして、日本の国内市場に深く入り込んだ朝鮮米は、その需要が高まるにしたがい価格を上昇させた。朝鮮米の移出港でも朝鮮米価格の騰貴がよりいっそう明らかになった。朝鮮総督府が発行する月報も、朝鮮米価格の顕著な上昇を伝えている。（『朝鮮総督府月報』二―一二）

輸移出税の一部廃止とともに朝鮮の米価が二〇〜三〇銭ほど騰貴したのはすでに述べたとおりである。内地で輸移入税が軽減されるやいなや、五月末には早くも朝鮮各港では五〇銭程度騰貴し、さらに六月中には二円七〇〜八〇銭の「大暴騰」となり、七月はじめには、またまた五〇〜六〇銭ほど騰貴した。

ところで、日本の輸入税低減は、安価な東南アジア産の外米の輸入も促進したから、米質が外米に近い台湾米の移入を圧迫することにもなった。実際一九一〇年代はじめには、外米輸入が急増する一方で台湾米移入は不振であった。朝鮮米移入税を下げるため輸入税を低減すると、外米と競合する台湾米の移入も抑制することになるというジレンマが生じたのである。

輸入税・移入税の整備

このためまず第一に、朝鮮・台湾の両植民地から移入を促進して、国際収支を改善しながら当面の米価高騰に対処するとともに、植民地米を確保したうえでもなお不足が補塡されず米価が暴騰するような事態には、最終的に外米を多量に輸入して危機を回避する方策が求められるようになった。

凶作などで不足が深刻になり、朝鮮・台湾からの植民地米供給によってもそれが解消しないときには、供給力にまさる外米が不足補塡の最後の手段であった。植民地米の供給力は両地合わせて年間数十万石レベルにとどまり、一九一三年（大正二）まで一〇〇万石を超える移入があったのは一九〇八〜〇九年の台湾米のみであった。一方外米はきわめて大量の輸入が可能であった。一九〇〇年以降ほぼ毎年一〇〇万石を超過し、一九〇四年の五三九万石を最多とし、一九一一年一八六万石、一二年二〇一万石、一三年三三三万石、一四年二四七万石と膨大な数量の輸入があった。

したがって日露戦後の時期において、関税による米不足への有効な対策は、外米輸入税を条件付き（米価が高騰したときには低減・撤廃できる）で定置する一方で、朝鮮米移入税は撤廃するという米穀輸移入関税を整備することであった。つまり、通常は両植民地の米を最優先で国内に移入し、さらに不足する分を輸入税を課した外米で補塡するが、凶作などによる深刻な不足には輸入税を廃し外米を積極的に導入して対処するというものである。これは一九一三年はじめの第三〇議会で実現した。

米穀輸移入関税論争

ところで、米穀輸入税の存続、朝鮮米移入税の撤廃という関税体系の形成過程で、米穀関税をめぐる議論が活発になった。議論は「地主」と「資本」の利害をめぐる対立を軸に繰り広げられた。

小作米を販売して収入を得る地主は少しでも高い米価を望んで、輸入税の低減や撤廃に反対した。また、国内の農業を保護したり、米の増産を最優先しようという論者も同様の主張をした。さらに輸入税の廃止は輸入を刺激して正貨を流出させ、また関税収入も減じるから、反対理由として強調された。こうした「農本主義論」は、酒匂常明（さこうつねあき）や横井時敬（よこいときよし）らによってとなえられた。たとえば、一九〇三年（明治三六）〜〇六年に農商務省農務局長をつとめた酒匂は、次のように輸入税廃止論に反対した。

正貨を維持し獲得する問題に焦慮（しょうりょ）しているとき、米穀輸入税廃止論のような「正貨濫出（らんしゅつ）奨励論」を提起するのは不都合である。……関税を減じてまで国民常食を外国に依頼する傾向を馴致（じゅんち）すると、正貨の濫出はとまらなくなるだろう。……「農業永遠の害」をのこすような輸入税廃止は断じて望まない。米の増収をはかるのは一番効果の多い「富国（ふこく）策」である。（菊池茂『輸入米税存廃論』）

他方、輸入税の廃止を説いたのは「商工立国論」にたつ論者であった。「食糧の独立」以上に「武器の独立」は重要であり、それを可能にする「富国」の基礎は商工業の発達にあるが、高米価はその発達を阻害するというものである。また輸入税の廃止は、高米価に苦しむ都市の下層民や、米の販売量が少量に限られている農民の救済策であるとも主張した。経済学者福田徳三や憲政本党の島田三郎らは輸入税の存続に反対した。しかし、大銀行の経営者らが工業とともに農業の一定の保護を主張したように、それぞれの主張には違いもあった。

また外米と朝鮮米を区別し、朝鮮米の移入税を廃止して植民地朝鮮の農業を発達させ、ひいてはその購買力を拡張して日本製品の販路を開拓しようという「朝鮮開発論」も有力であった。多様な意見や議論が議会や新聞・雑誌などで展開したが、第三〇議会において一応の決着をみたのである（持田恵三「食糧政策の成立過程(一)」『農業総合研究』八―二、中村政則・鈴木正幸「近代天皇制国家の確立」『大系日本国家史』五）。

朝鮮米移入税の撤廃

朝鮮米移入税の撤廃については、政府内にも多様な見解があった。農商務省には意見が二つあったといわれ、農務局は国内農業保護の立場から高米価を歓迎し移入税の低減・廃止には反対であったが、商務局（商工局）は米価高騰を抑制する立場に立ち移入税廃止を歓迎した。省全体としては、一九一一年（明治四四）後半から米価が高騰するという現実に直面して後者よりのものとなった。また大蔵省にも、移入税廃止は関税の減収になるため反対論があったが、米価が高騰すると省内の米価抑制論によって退けられた。

こうして、現実的には財源保護論と米価抑制論の折衷（せっちゅう）である国際収支改善論、すなわち移入税廃止による移入促進と、輸入税存続による輸入防遏（ぼうあつ）とに収束していったのである。この方向は、一九一二年（大正（たいしょう）元）末には確定し第三〇議会をむかえた。

一〇〇斤あたり一円の輸入税は原則として存続し、朝鮮米移入税は撤廃された。一円の輸入税は台湾米移入を促す効果があった。六四銭の関税では一九一〇年度のように、台湾米移入量は外米輸入量を凌げなかったが、一円の輸入税が続いた一三年には早くも台湾米移入量が増加したのである。また移入税の廃止は朝鮮米移入を刺激して、同年半ばに移入が急増した（表10）。一三年には、植民地米移入を促進する輸移入関税政策の枠組みができあがり、機能しはじめたといえる。

表10　1910年代の輸移入米量

年度	朝鮮米移入量	台湾米移入量	外　米輸入量	輸移入量合　計
1910	277	749	731	1,757
1911	369	707	1,857	2,933
1912	246	653	2,011	2,910
1913	295	981	3,329	4,605
1914	1,024	812	2,471	4,307
1915	1,873	695	517	3,085
1916	1,333	802	292	2,426
1917	1,195	786	524	2,505

（出典）　農林省米穀部『米穀要覧』1933年版をもとに作成。

（注）　表の年度は米穀年度，輸移入量の単位は1,000石。

朝鮮米移入の激増

その後も朝鮮米移入量の増加はとまらなかった。一九〇八年（明治四一）～一二年の年平均移入量は三五万石であったが、一三年半ばから増加しはじめ一四年には一〇二万石、一五年には一八七万石、一六年には一三三万石と激増した。これまでの朝鮮米輸移入量は最大で六〇～七〇万石であり、一九〇〇年以降平年は一〇～二〇万石台であったから、これは著しい増加であった。

ところで、朝鮮からの対日米穀移出の激増は、朝鮮内の米消費をいっそう減じることになった。朝鮮では割安な外米や砕米、外国産麦粉を消費して、ますます自国産米の移出につとめていると『大阪朝日新聞』（以後、『大朝』と略す）が報じたように、外米や破損した砕米などが朝鮮に入り、米の代用として消費されたのである。

また対日米穀移出の増加にしたがって、従来「自給自足」であった粟が、「満州」から朝鮮に多量に輸入されるようになった（菱本長次『朝鮮米の研究』）。朝鮮では、南部では「時に米粟混合して食するを普通」としたが、北部では「粟のみを常食とする風習」があった。対日移出の急増は朝鮮における米価を上昇させ、さらに米の消費を減退させて、代用食糧の消費を増加させたのである（『満州日々新聞』〈以後、『満日』と略す〉一九一五・九・九）。

ただし粟は、外米や砕米などの代用食と一定の競争関係にあった。安東県を通過する「満州」粟の朝鮮輸出を報じた新聞記事は、外米の砕米が比較的安価に入り漸次粟を圧倒する傾向も指摘している（同前）。日本と同様に朝鮮でも、農村には米に代わる多様な代用食があり、対日米穀移出の拡大にともなってその消費が伸びていったのである。

大阪市場の朝鮮米

朝鮮米の最大の需要地は大阪であったが、一八九七年（明治三〇）には、大阪市に海路入港する朝鮮米の量は日本米に匹敵するほどになっていた（次ページ表11）。このほかに、陸路鉄道などの輸送によって大阪に入ってきたものもあるが、それらを考慮しても大阪への朝鮮米到着量の多さがわかる。

一九一四年（大正三）の新聞記事は、日本米の消費量に対する朝鮮米の消費量の割合は東京では二割、神戸では三割であるが大阪では実に八割であると伝えている（『大朝』一九一四・五・一二）。つまり明治末の大阪では、日本米とほぼ同量の朝鮮米が消費されていたのである。

ほかの大都市と比較して、大阪の朝鮮米消費は突出していた。時期は少し降るが、一九二〇年代中頃の六大都市を含む六府県の米消費の内訳を次ページの表12によってみると、とくに大阪では総消費量の五四％を占め、日本米を上回り過半が朝鮮米消費であったことがわかる。また大阪だけでなく京都・兵庫も全国平均よりやや高く、京阪神で朝鮮米消費が盛んであったこともうかがえる。

こうして大量に流入しはじめた朝鮮米は、消費地の市場において、国内の各産地から集まる産米を圧迫しはじめた。とりわけ大阪市場ではそれが顕著であったと思われる。

表11　大阪市に入港した朝鮮米

年次	日本米	朝鮮米	台湾米	中国米
1896	397,986石	186,366石		5,197石
1897	212,899石	305,419石	1,713石	23,543石

（出典）　大阪商況新報社『米商便覧』（1897年）42～43ページをもとに作成。

表12　府県別米消費量の内訳

府県名	日本米	%	朝鮮米	%	台湾米	%	外　米	%	合　計
東京	3,652	91	179	4	107	3	58	1	3,995
神奈川	1,089	79	40	3	39	3	215	16	1,382
愛知	2,293	90	93	4	103	4	53	2	2,542
京都	1,540	89	128	7	31	2	38	2	1,738
大阪	1,440	45	1,729	54	6	0	45	1	3,221
兵庫	2,579	83	298	10	59	2	185	6	3,122
6府県合計	12,593	79	2,467	15	345	2	593	4	15,999
全国	55,668	90	3,270	5	845	1	1,760	3	61,543

（出典）　農林省農務局『米穀要覧』1928年版をもとに作成。
（注）　1922～26年の平均。表の消費量の単位は1,000石。

朝鮮米移入が激増し、近頃はとくにその圧迫を受けて相場が一層暴落し、売り先がなく「閉口（へいこう）」しているのが島根県産米である。もともと同県産米の県外移出量は年間二四万石で、うち一四万石は大阪市場へ積み出されていたが、この圧迫によって一向に取引がなく新穀以来の県外移出量は漸く四万石内外に過ぎない。したがってその相場はますます低落し産地で一三円台となる有様で、県当局も農家経済の前途を考え、その処分法について講究を重ねているようだ。（同前）

島根県産米の県外移出は従来主に大阪市場に向けられていたが、朝鮮米の大量移入に圧迫されて取引がなくなり、価格も下落したため、県当局がその処分方法について検討しているというのである。一九一三年からの朝鮮米の殺到は、国内の米穀市場に多大な影響を与えた。

拡大する米消費

米騒動前後

米価の騰落と消費

明治末の米価騰貴

日露戦争後しばらく米価は低迷していたが、一九一一年（明治四四）後半から一二年にかけて高騰する。一〇年は凶作で、その後も一三年まで作柄（さくがら）は悪かった。豊作ならば米穀需給は安定したが、ひとたび不作に見舞われると米不足はいっそう深刻になった。

凶作による減収量は一〇〇万石単位だったから、それに見合う大量の輸入を即座に実現することは難しかった。また輸入の急増は産地価格を引き上げた。一一年九月には、サイゴン米やラングーン米産地の外米（がいまい）価格が高騰し、諸経費を考慮すると輸入は引き合わなくなり破綻する外米輸入商も出たといわれる（『読売』一九一一・九・二）。

一方で国内の需要量はますます増大した。たとえば一一年産米の実際の収穫は五一七一万石で不作とはいえなかった。しかし五〇〇〇万石を上回る多量の収穫予想が出ても、米価は上昇を続けた。

国内の消費量が近年ますます拡大し、到底〔国内の収穫は〕五〇〇〇万石位では足らず、本年は豊作で五〇〇〇万石の収穫が確実と予測する者が非常に多いにもかかわらず、米価は近頃ますます高騰しつつある。

と新聞は報じている（同前、一九一一・九・一二）。また、米価の高騰は都市の中下層民ばかりでなく、売る米を多くもたない多数の農民をも苦しめた。

米価暴騰は多数の「月給取」や商工業者、総ての労働者に多大な苦痛を与えるだけでなく、全国の多数の農民に対しても、「実に名状すべからざるの打撃」を与えるものだ。（同前、一九一二・三・八）。

米価高は陸海軍の糧秣費（りょうまつ）や監獄の糧食費を増加させたため、予算不足が生じる恐れも報じられた（同前、一九一二・七・五）。これが影響したためか、軍隊が出す残飯（ざんぱん）が「最近愕（おど）ろくほど減っ」たという（同前、一九一二・一二・一三）。したがって、「残飯でも食つてゐられるものは非常の幸福者」であった。こうして明治末の米価高騰は社会問題となった。

米価の高騰は米の消費を節約させる一方、雑穀やイモなど代用食の消費を促すほか、外米の消費を各地に広めた。

外米食の普及

一九一二年（明治四五）から一四年にかけて米価が高騰すると、大量の外米が輸入されるようになった。しかし、端境期になると各地で不足が深刻となり、外米の価格も上昇していった。

米価がますます高騰するのにともない外米の需要が急増し、一時一〇〇万袋を数えた在庫は大いに減少して五〇万袋と少量になり、京浜の在庫は僅々二〇万袋に過ぎない。外国米の相場もまた日本米価格に連れますます高騰の気味がある。（『読売』一九一二・七・四）

政府は「大に外米を食え」と外米消費を呼びかけた（同前、一九一二・六・五）。朝鮮米や台湾米の移入が一挙に増加する可能性は低かったから、移入税撤廃により朝鮮米が多量に入るようになっても、なお米不足への最終的な対応策は外米輸入のほかなかった。内務次官の床次竹二郎はこの米価騰貴をみて、「騰貴の原因はわからないが、仮に根本において米の不足があるとすれば、結局外米輸入など不足補填策をたてなければならない」と、外米輸入量を増やす以外に有効な対策がないことを表明した（同前、一九一二・

七・五)。

外米廉売

一九一二年（明治四五）には大都市や地方都市で、困窮する消費者に外米の廉売がはじまった。同年に東京市が小学校児童を調査したところ。米価騰貴のため「絶食」や「減食」した児童の数が多かったため、市は「窮民の状態実に戦慄すべきもの」があると、外米を買い入れて原価で販売することを議決した。

外米廉売は民間においても活発に行われた。東京市麹町区（現、千代田区）の日本女子商業学校（現、嘉悦女子中学校・高等学校）は、同校学監嘉悦孝子の指導で一二年七月から外米の廉売をはじめた（以下、『読売』一九一二・七・三）。リボンを付けた「可憐な生徒等」が襷をかけ裾を端折って計量や取次に携わり、乳母車に米袋を乗せて近所の注文先に配達した。価格の安いときに購入した外米一五〇石を深川の倉庫に預けおき、毎日所要分量を取り寄せて、一升二三〜二四銭のものを一九銭で廉売したのである。

当時まだ東京市中では、下層のほかには外米食があまり広まっていなかったようだ。「虚栄に囚はれた」多くの家庭では、「気まりが悪くて買ひ出しに行けぬ」という風潮があり、「貧弱なる財嚢」をやりくりして高価な米を購入しては「泣いて」いたという。同校の廉売はこうした「所謂中流貧民」を対象としたものであった。

この廉売は好評で、「潮の如くに押寄せ来って門前忽ちにして市を成し」、午後二時までに七石余を売り尽くした。その様子は次のようであった。

　購買する人のなかには「こちらさまでお救い米を売るそうですが」とか、「施し米をお売りになるという事ですが」などと、何れも相当の身分ある人々が風呂敷や袋を持参して入って来る。なかには子供を乳母車に乗せて来た八字髯の紳士が同じ乳母車に乗せて帰るのもあり、またパナマ帽の紳士が細君同伴で「一つ試みに食べて見ましょう」などといいながら三升、五升と買って行くのも少なくない。

このほかにも、下層民を対象とする外米廉売も盛んであった。下谷万年小学校長の坂本竜之介は、「欠食」する児童が多いのを心配して、下谷区白米商組合と共同で外米廉売を企画した。また下谷米商組合も独自に同校雨天体操場で外米九五袋の原価販売を実施した。午後五時から八時まで、一人三升以内、一升一八銭で販売し、初日は七石、二日目は一四石を販売したというから、一人三升買ったとしても七〇〇人が利用したことになる。このほかにも各地で廉売が実施された。

外米の食べ方

外米は急速に普及したが、はじめて食べる者も多かったので、その試食会が開かれたり、炊き方について関心が集まった。

国有鉄道の東部鉄道管理局では、「薄給職員の困難」に対して外米の混用を呼びかけたが、「外米がどんな味やら御存知なき」者が多かったため、食堂請負人に命じて外米を混ぜて炊いて弁当に出したところ、四十余人の高等官の大多数は気がつかなかったという。「是なら喰へる」ということになり、管内の職員に外米の使用をすすめるほか、同局が外米を仕入れて安く販売する計画もたてた（『読売』一九一二・七・八）。

外米の炊き方も種々考案され新聞紙上などに掲載された。そのうちの「外米を甘く食ふ法」は、外米に新麦を混ぜる方法で、外米の舌触りの悪さを改善し「一種の粘り気」を出して日本米の三、四等米程度にしようというものである。糯米を混ぜたり、適度の麦を加えると「甘くもあり、腹ごたへ」がでて、「下層民の常食としては寧ろ適当」であったという（同前、一九一二・六・一七）。またラングーン米八合・日本糯米二合、もしくは同米四合・日本粳米四合・挽割麦二合を混ぜると、「日本米と同様の滋味ある事明瞭」というように（同前、一九一二・六・一九）、さまざまな工夫が紙上を賑わせた。

一九一五年の米価

高騰した米価は一九一三年（大正二）後半から下がりはじめ、一四年に入っても低落を続けた。不作が続いていた国内の米作は、一三〜一五年に一転して三年続きの大豊作になった。外米輸入量は激減したが、朝鮮米と台湾米の移入量は米価が下がっても減少しなかった。一二年から三年間のうちに米価は半額となり、一五年秋には一石あたり一一円台にまで落ち込んだ。

大都市とその周辺では、一〇年代後半に米価が下がると消費が大幅にすすむようになった。たとえば兵庫県南部の山陽線沿線地方では、一二年前後に米価が高騰したときには消費が節約されたが、一六年頃からの大戦景気を背景に、価格が下がった米の消費が著しく増進したという(『変遷』)。

とくに都市部の尼崎(あまがさき)・西宮(にしのみや)・神戸(こうべ)・明石(あかし)・姫路(ひめじ)とその周辺では農村でも麦を食べる者がほとんどいなくなった。また大阪府でも「米麦混用者」が著しく減って、「外米混用者」も少なくなり、多くが朝鮮米と内地米の消費者となった。神奈川県でも横浜・横須賀・川崎・小田原・平塚・浦賀などの都市部が活況を呈して、米の消費が急増したのである。

農村の米消費

また農村でも米価の低落は米消費を刺激した。米価が高騰すると農村では、「近年米価が高いので農民は麦を食して米を売るものが多い」(『読売』一九〇八・一一・一二)といわれたように、麦や外米などの消費を増やして米消費を減らし、市場に少しでも多く販売しようとした。しかし逆に米価が下がると、麦や雑穀などとの価格差が縮小して米消費が増加した。繭価の高騰による養蚕農家の所得拡大などを通じて、大戦景気が農村にもおよんでいたのである。

明治末から農村でも米の消費は拡大しつつあり、好不況、米価の高低などを通じて前進・後退を繰り返しながら、限界はあるが徐々に米食が普及していった。『変遷』はそれを次のように述べている。

日清・日露戦争後に大きな経済界の変動があり、各種工場の勃興や養蚕業の進展が米の消費を促進した。しかしなお農村では一般に麦食や混食であったが、米の増産と粟・稗・黍など雑穀栽培の減少により漸次米の混合割合を増加し、従来麦その他の混合が多かった地方でも明治末には、多くは所謂半白米（麦五分・米五分）程度となり、一般に生活程度は著しく向上を見るに至った。……大正三年からは米価が下落し、他方一般農産物の価格をはじめとして労銀が著しく騰貴し、収入が増加したため米の消費は急速に増加するようになった。

北陸の福井県で、県庁の吏員の間で麦飯が「大流行」となったが、それは「近来農家が贅沢になつて麦飯が少なくなつたので、日本の米が足らぬ」と彼らが認識したからであった（『読売』一九〇八・四・一二）。北陸地方の農村でも米の消費は拡大する傾向にあった。

農村生活の変化

農村の生活は大きく変化していた。明治後期から大正期にかけて郡や町村が作成した郡是・町村是は、地域の発展を目的に現状を調査し、将来の目標を定め、その実現をはかる施策をまとめたものであるが、それらのなかには、こうした農村生活の変貌についての調査・記録が含まれている。また、生活の変化を回想した記事も多く残されている。

熊本県地方はもともと米食率が低かったが（六四・六五ページ表5）、明治初年と比較すると、明治後期の農村の食生活は大きく変化した。一八九七年（明治三〇）に作成された同県上益城郡浜町の村是の「人民衣食住ノ状況」の欄には、次のように記されている。そのほか、下益城郡の村是にも米食の前進を記したものが多い。

最近の村民の常食をみると、商工家は米粟、農家の朝昼は米粟飯を食べ、夜は時々粉類で団子汁、あるいは雑食等を食用としている。資産家であれば米飯を食する者もあるが米・粟・麦の混合飯が常食である。……維新前には、資産に富める者でも米食をする者は少なかったが、近年は米飯を食するものが多くなり、最も下等の人々であっても、時に維新前の中等以上の生活程度より優っている者も少なくない。（熊本女子大学郷土文化研究所『熊本県史料集成』一二）

さらに、主食にとどまらず変化は生活全般におよんだ。浜町村是は、屋根に瓦葺きがみられるようになり、衣服は木綿が多かったが絹布が増え、草履は下駄に変わり、竹の皮笠は蝙蝠傘となり、帽子や時計を身につけるようになるなど、「奢侈の弊風」がますます増長したと述べている。

また、米相場に関わった野城久吉が一九一二年（大正元）に刊行した『革命来之米界』には、病気療養のため訪れた千葉県長生郡東村で聞いた、村の暮らしの変化についての記述がある。「ハイ暮し向ですか、その変りましたことは実に驚くばかりです」とはじまり、明治末年にいたる十数年間の衣食住の変化が村びとによって語られている。

> 食物なども米四合・麦四合、外に粟二合位を混ぜて使用したものでありましたが、今日では極貧い家で米六合に麦四合位を混合して食する位で、なかには麦を使うということは薪を多く使用するから不経済だなど、自分勝手の理屈を申しまして全く食用とせぬ者も多いです。

米の割合は五割増えて過半となり、麦の割合は変わらないが粟は混ぜなくなった。長生郡地方は養蚕が盛んであったから、桑畑が広がって雑穀の作付が後退したのであろう。そのほか畳や障子、急須や鉄瓶が普及し、日清戦争や日露戦争をきっかけに兵士の送迎に羽織を着るようになり、以後は冠婚葬祭に限らず「矢鱈に」着るようになったという。「変れば変るものでございます」と結ばれている。

難航する外米輸入

一九一八〜一九年の米価暴騰

一九一六年（大正五）秋から米価(べいか)は再び上昇局面に入った。東京深川正米市場の月別平均米価をみると、一五年一〇月に一石あたり一一円三一銭で底を打った米価は、翌年一一月には一五円を超え、一七年六月には二〇円となった。騰勢は一八年に入っても衰えず七月には三〇円、一〇月には四〇円を突破した。この暴騰のさなかの一八年夏に米騒動(こめそうどう)が起こった。その後も米価上昇の勢いは衰えず一九年八月には五〇円を超え、二〇年一月にはついに、太平洋戦争の時期を除けば戦前最高の五四円六三銭を記録した。

この米価高騰は長期にわたり上昇幅も大きかった。その要因は、第一次大戦による景気回復と一五年半ばからはじまる大戦ブームであった。輸出は拡大し諸産業は活況を呈した。バブルが到来して諸物価は上昇し、投機熱が高まって定期市場の米もその対象になった。端境期をむかえて米価が急騰する一八年八月はじめのシベリア出兵宣言は、その前後に投機や買占めを誘って米価をより一層刺激した。陸軍省は、米価に悪影響をおよぼさないよう分散して買収したり、地方の事情に深く配慮して慎重に買い上げようとしたが、出兵自体が「特殊強材料」とみられ、高騰する要因となった（『大朝』一九一八・七・一九）。

政府は一八年に、暴利取締令、米麦の輸出禁止、取引所受渡代用の範囲拡大、米穀取引所の取引停止、穀類収容令などさまざまな形で市場介入を試みたが効果には限界があった。寺内正毅内閣の農商務大臣仲小路廉は同年八月初旬に、「もう暫らくだから我慢して欲しい。これが頂上でこれ以上の奔騰は来たしはしない」と述べたが（『読売』一九一八・八・八）、その直後に米騒動が発生して全国に波及した。

外米産地の動向

当時の米穀供給の構造からみると、米価高騰のより根本的な原因は、従来最終的に依存していた外米の供給が不安定になったことにあった。この点については、三菱倉庫の常務取締役である加藤義之助が、「ラングーン米輸出禁止とシベリア出兵問題をひかえているから、米価騰貴の趨勢があるのは実にやむをえない現象である」(『中外』一九一八・八・八〜一三)と述べたとおりである。

日露戦後一九一〇年代末頃までは、日本の外米輸入は比較的安定していた。主な輸入米であるラングーン米・サイゴン米・タイ米のうち、明治末にも大きな比重を占めていたのはラングーン米とサイゴン米で、一九〇三年(明治三六)〜一〇年の輸入米の四九〜八四%を占めた。しかも両産地の米穀生産量は、農商務省農務局による調査報告書『米ニ関スル調査』(一九一二年)によれば、ラングーン米は輸出米産地として「独歩の地位」を占め発展の余地が多く、サイゴン米も、暴風・洪水(こうずい)の予防策や灌漑(かんがい)排水施設がすすんで米作面積は増加するであろうと、両地ともに将来有望とする調査結果が得られていた。

さらに、ラングーン米とサイゴン米は、外米輸入が盛んになった一八九〇年代以降、対日輸出を相互に補完し合う関係にあった。たとえば日露戦争前後にはラングーン米が大量に輸入されたが、戦後は対ドイツ・対オランダへの輸出が増加して対日輸出が減少した。しかしサイゴン米が、代わって対日供給を増加させたため日本の外米輸入は安定し一定量を確保することが容易であった。また、ラングーン米は輸入量の増減幅が大きかったが、サイゴン米は比較的安定していたため、外米輸入の総量の安定をもたらしていた。

第一次大戦勃発と外米輸入

第一次大戦が勃発しても、外米輸入は比較的安定していた。なぜなら、サイゴン米は大戦による輸送船の不足によって対ヨーロッパ輸出が減少し、またラングーン米も、日露戦後に輸出が増加したドイツなどに対しては同様の理由で輸出途絶の状況に陥り、またアメリカやアフリカなどへの輸出も同じく減少したからである。このため、日本が依存していた外米の二大産地は、輸出先に占めるアジアの位置を高めることになった。

したがって一九一六年（大正五）から米価は上昇しつつあったが、一五〜一七年の国内の豊作もあって、米騒動の前年である一七年までは、米の需給関係についてかなり楽観ムードが支配していた。神戸港の税関の報告書は、次のようにヨーロッパの食糧不足とは対照的に日本の米穀供給が平穏であることを強調している。

欧州戦乱が長引くにしたがい「先決問題」となるのは「食料の供給」である。蓋し米はわが国民の常食として一日も必要欠くことができないのは世人の周知する所である。欧米各地では小麦の暴騰が激甚で相当消費を節約しているのに反し、わが国では昨秋の豊作もあって今春以来幸に低価を維持し、地方からの出廻が多く未だ外米の供給を受ける必要もなく、市場はきわめて平凡のうちに経過している。（『神戸港外国貿

易概況』一九一七年版）

政府もヨーロッパの食糧危機に関心を寄せ、調査報告書をまとめている。たとえば大蔵省が一九一八年（大正七）末にまとめた『戦時ニ於ケル諸国ノ食料政策』は、欧州食糧事情が「大変動」して深刻な危機に直面していると指摘している。

ヨーロッパの食糧危機

ドイツ商船は海上からその影をひそめ、英国もまた自国船舶の大半を戦争目的に使用するため、世界海運は船舶隻数の一大欠乏を来たした。そのうえ水雷の敷設（ふせつ）、潜航艇の跳梁、その他海軍の活動はますます運輸の危険を増大させたため、運賃や保険料の暴騰を来した。幾多の障害は遂に国際的穀物価格の平準を破壊し、また各国の収穫不良や軍需の激増も加わり、欧州食料問題に特筆すべき一大変動を引きおこした

第一次大戦はかつてない総力戦であり、欧州の海上輸送や各国の農業生産にも大きな打撃を与えた。その結果は深刻な食糧不足となり、ドイツもイギリスも危機的な状況に陥った。世界戦争の勃発は輸送を寸断し、食料輸入への過度の依存が危険であることを明らかにしたといえる。しかし、戦場から遠い日本では、ヨーロッパの深刻な事情を察知しながらも大戦末期まではこれが現実のものとはならなかった。

しかし、大戦末から戦後にかけて危機は日本にも到来した。いざ外米が多量に必要となったとき、輸入が円滑にすすまなくなったのである。それは、大戦末期から大戦直後にかけて長く継続した、安定的な外米供給の前提条件が崩れたからであった。

ラングーン米の輸出制限

ラングーン米は対欧輸出が途絶していたが、連合国側への食糧補給の必要から一九一八年一月、インド政府は米の輸出をインド・海峡植民地・セイロンに限定し、それ以外の地域へは特許を必要とする許可制を施行した。また同年七〜八月の大旱魃（かんばつ）による凶作は、インド国内の食糧事情を悪化させカルカッタやマドラスでは九月に暴動が発生した。ラングーンの市場米価は高騰したためインド政府は食糧管理制度を定め、輸出制限令を出して米の輸出を禁止した。一八年三月・七月・一〇月の三次にわたる禁止期間は短期であったが、日本への影響は大きかった。とくに米騒動が全国に波及する直前の七月には、シベリア出兵の動きが市場を刺激しており、さらに米価を引き上げる材料となった。また同年一〇月の第三次禁止では、ラングーン米輸出量一二〇〇万石のほとんど全部がインド本土へ向けられ対日輸出は絶望となった。この食糧管理制度の撤廃は一九二一年一二月をまたなければならなかった。

サイゴン米・タイ米の輸出制限

同じ頃、比較的安定した供給を続けていたサイゴン米にも同様の事情が生じた。大戦期に欧州向け輸出が減少する一方で、日本では豊作が続いていたため、中国・フィリピン・海峡植民地などアジア向け輸出が拡大した。しかし一八〜一九年にサイゴン米産地は凶作にみまわれ、大戦後には各国からの需要が殺到した。

仏印政府は本国フランスの食糧不足を考慮すると同時に、仏印内部の食糧不足や米価の高騰に対処するため、一九年二月から二〇年一月まで米穀輸出制限を実施した。仏印総督は一九年二月以降の輸出を二万トンに限り許可制とした。ただし、許可制のもとで仏印政府は「手心（てごころ）」を加え、その「ライセンス」と輸出地のフランス領事の「声明」をえれば一定の積み出しを許すとしたので、シンジケートが運動して積出許可数量が増加することになった。このため許可数量は毎月六万トン（四〇万石）、七月からは七万五〇〇〇トン（五〇万石）となり、八月からはさらに二万トンが上乗せされた。しかし九月以降は禁輸が実施されることになった（『外米ニ関スル調査』『西貢（サイゴン）米及暹羅（シャム）米産地事情調査報告』）。このように、サイゴン米の輸出も混乱し対日輸出は停滞したのである。

またタイでも米の禁輸措置が実施された。タイでは、一九一八年産米は豊作であったが、翌一九年は凶作となった。ところが、ラングーン米の輸出禁止措置により海峡植民地の需要がタイに向かったため、タイ米の輸出が活発化してバンコクの在米量が急減し、米価が高騰した。これに対しタイ政府は一九年七月から二一年一月まで、特許がない限り米の輸出を禁止したのである（「外米事情報告第一・二回」、鈴木直二『米穀法制定の経緯資料』）。

外米禁輸の影響

一九一八年（大正七）～一九年に外米産地で続々ととられた輸出制限や禁止措置に対し、日本政府は情報を集めてその緩和や解禁を交渉した。英領ビルマに対しては駐英大使がイギリス外務省に交渉したが、その結果は欧州諸国の食糧供給の問題が先決問題であり「日本への輸出の前途は楽観し難し」という悲観的なものであった。また仏印についても、神戸の外米輸入商である湯浅商店・大黒商会・内外貿易を通じて輸入を試みたが、「輸出許可が得られず売手なし」となるか、または輸出禁止のもとで、きわめて高価な値段でしか入手できなかった。バンコクからも、海峡植民地向け輸出を増加するため対日輸出を禁止する情報が外務省に届いた（同前）。

仲小路農商務大臣は一九一八年（大正七）四月、英国政府が蘭印に対しラングーン米の輸出を禁止したから「わが国の輸入はますます多くなりつつある」（『読売』一九一八・四・一二）と述べたが、実際は表13に示したように、ラングーン米の輸出総量は一九一七

表13　サイゴン米・ラングーン米の輸出先

サイゴン米

年次	フランス（含植民）	ヨーロッパ	蘭　印	海　峡植民地	フィリピン	中　国（含香港）	日　本	合　計
1913	305	97	136	122	58	334	114	1,179
1914	356	104	150	139	61	315	100	1,293
1915	226	35	178	186	105	350	0	1,091
1916	249	14	101	131	129	615	0	1,245
1917	169	0	129	169	121	553	95	1,247
1918	42	0	80	129	159	670	354	1,442
1919	86	17	48	94	25	275	198	762
1920	89	63	120	187	43	359	14	1,020
1921	170	111	336	146	21	581	102	1,516

ラングーン米

年次	イギリス	フランス	中　国	インド	日　本	合　計
1913～14	0	23	5	889	161	2,744
1914～15	198	16	2	1,223	8	2,349
1915～16	290	24	8	1,232	4	2,192
1916～17	316	6	16	1,028	0	2,244
1917～18	523	33	4	546	42	2,060
1918～19	270	132	1	845	205	2,487
1919～20	57	0	0	1,810	0	2,335

（出典）　台湾銀行調査課『米ニ関スル調査』（1922年）をもとに作成。
（注）　表の輸出量の単位は1,000トン。

〜一八年に急減し、また一〇年代末にはインドに対する輸出も激減し、代わってイギリスやフランスに向けた輸出が増加した。このため、対日輸出も必要量を満たすほどには増えなかった。

また米騒動直前の一八年七月三〇日、米価は天候が順調で豊作が見込まれたにもかかわらず上昇を続けた。「米価は遂に円二升（一石五〇円）か」と米価の「狂調の高値」を伝える新聞記事（同前、一九一八・七・三〇）は、在米量も減じて「寒心に堪えない」と述べている。その原因をこの記事は、日本が輸入するラングーン米が禁輸となり「ヒドく市人の心を戦慄せしめた」からだと推測している。農商務省外米管理部長の片山義勝は、禁輸が「全然誤伝」と否定したものの、米価は騰貴を続け「破天荒」の高値を現出した。同紙の翌日付（同前、一九一八・七・三一）には「某外米指定商」の談として、日本政府買付のラングーン米が突然積出禁止となったこと、今回の許可中止は「一時的現象」であって「終了後は解禁、直に旧情に復す」ること、したがって「狼狽する事毫末もなき」ことを述べた。しかし産地におけるこうした措置が、国内の米価を引き上げる有力な材料になったことは確かであろう。

サイゴン米の輸出総量も、この表13によれば一九一九〜二〇年に減少している。一八年

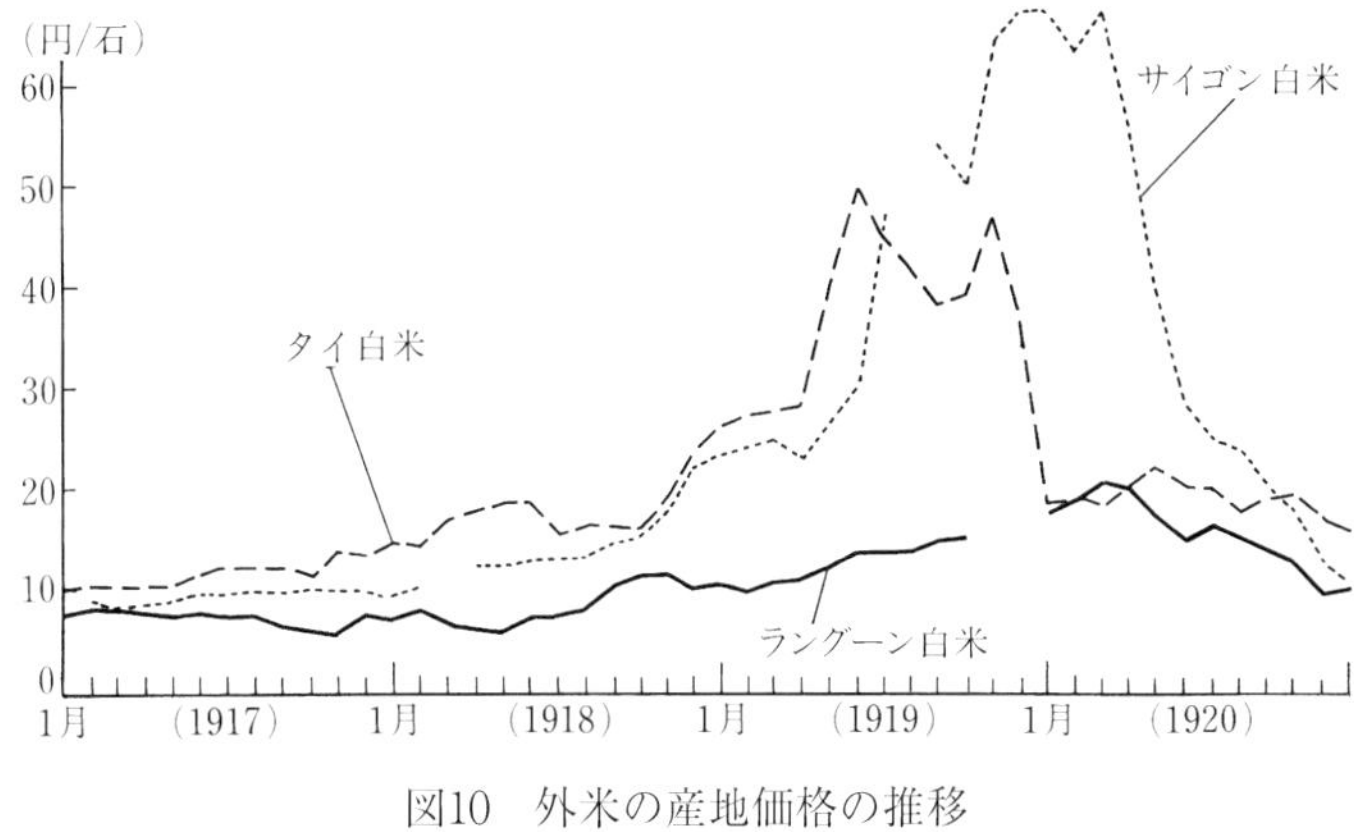

図10　外米の産地価格の推移
（出典）　台湾総督府官民調査課『西貢米の調査』（1925年）をもとに作成。

からはフランス本国やその植民地への輸出も縮小し、中国・香港への輸出がある程度維持されている。対日輸出は一八年には急増したが一九〜二〇年には急減した。

外米供給の逼迫

こうして一九一八年（大正七）半ばから、外米供給はにわかに逼迫（ひっぱく）しはじめた。産地における輸出制限や禁止措置に加えて、禁輸となったラングーン米を除き産地価格が一八年から末から急激に上昇し、一九年半ばにはさらに暴騰したのである（図10）。米騒動は一八年八月だが、米価や外米価格のピークはその後の一九年末から二〇年初頭になる。米騒動以後にも一層の米価騰貴が続いたのである。

産地における米価の高騰は、運賃や諸経費を含めると輸入地日本との「逆鞘(ぎゃくざや)」を生むことになり、禁輸措置がなくても損失を覚悟しなければ輸入は事実上困難になった。事態は深刻であった。

外米輸入絶望か……今後の外米輸入は非常に悲観すべき状態にある。つまり外米の国内相場が逆鞘に陥っているため買付は激減し、現在でも香港(ホンコン)買付の神戸沖着価格はサイゴン一等一四円、サイゴン買付の神戸沖着価格は一等米一四円五〇銭であり、国内の相場とは約二円程度の逆鞘で、到底採算上輸入の見込みはない。(『大朝』一九一九・五・一六)

外米廉売と節米奨励

外米管理

民間の外米輸入が難しくなると、政府は指定商を通じて直接外米を輸入し、それを廉売（れんばい）して高騰する米価の鎮静を試みた。寺内正毅（まさたけ）内閣はそのため一九一八年（大正七）四月に外国米管理令を公布し、「外米管理」を開始して外米輸入を政府の「専管」とした。農商務省は臨時外米管理部（八月からは臨時米穀管理部に改称）を新設し、三井物産・鈴木商店・湯浅（ゆあさ）商店・岩井（いわい）商店を指定して（のちに内外貿易・大黒商会・加藤周次郎を追加指定）外米の輸入と売捌（うりさばき）を命じた。政府は指定商に対し手数料と、逆鞘の場合の損失を補償した。こうして政府は、八月までに合計三三〇万石の外米を輸入して管理下においたのである。

仲小路（なかしょうじ）農商務大臣の外米管理政策について、当時同部で業務課長・外米課長をつとめた河合良成（かわいよしなり）は、「仲小路さんは極端な管理論者で、外米の雨を降らせた」とのちに評している（『商工行政史談会速記録』）。その売却価格は一石あたり一八円七五銭（サイゴン米二等神戸倉渡）で、消費者には日本米のほぼ半額の二〇円前後で売り出された。

五月一〇日に政府が売渡価格を発表すると、白米の小売価格が下がるという実際の効果があった。外米だけでなく日本米も一石あたり六〇銭ほど下がった。新聞の報じるところによれば、この下がった価格が翌一一日から市内各白米小売商で適用された（『読売』一九一八・五・一二）。同紙によれば、米価が多少とも下がったのは次の理由による。

> なぜ米価が下落したかというと、政府は来る五月一七日頃から外米の標準米、つまりサイゴン二等米を一石一八円七五銭の標準で指定問屋に売らせるからです。そうすると今日小売一石二七円以上もしている外米が二〇円位にまで下落します。このように外米が安くなると自然日本米も安くならざるを得ない。したがって小売値段も安くなった訳です。（同前）

「外国米の案内」

農商務省は一九一八年（大正七）五月に「外国米の案内」（『読売』一九一八・五・一五）という大型のビラを全国各地に配布し、廉売する外米について宣伝した。ここには、成分が日本米に劣らないこと、「石油臭」くないことなどのほか、次のようにその「経済性」、および「炊き方」が記されている。

まずその経済性については、仮に一日一升八合炊く家庭で節約できる額は、二割の外米を日本米に混用すると一年で一七円、三割では二五円五〇銭、外米七割と糯米三割の混用では五六円となる、また工場や商店で一日一俵（四斗）消費するところは、二割の混用で一ヵ月三〇円九六銭、一年で三七六円六八銭安上がりになると説明している。

また日本米と混用したときの炊き方は、はじめは日本米七〜八割、外米二〜三割にすれば「左程ひどく味の劣ることは無い」とし、ことに糯米を加えると「一層おいしく食べられ」ることや、ひと晩水に浸して翌朝これを炊き、煮立ったときに吹きこぼれないよう注意すれば粘りも出ると教えている。また外米は「釜殖え」して「内国米より二割内外殖える」ので水加減を多めにすること、たとえば一日一升八合炊く家庭で外米を三割混用するときは、水加減をちょうど一合多くすればよいことなども付記している。

廉売はじまる

米価が高騰するにしたがって外米の需要は高まった。ある小売商は、一九一三年（大正二）頃には外米を一升一八銭で売りかなり捌けたから、今度は「一層売れそうに思える」と予想した。一三年当時より今回の方が、はるかに日本米との価格差は大きくなっていた。この小売商の心配は、台湾米と比較しても「著しく味が落ちる」ことであった。このため、「一遍で懲りられては困る」ので糯米を混ぜ「モチマジリ」と称して売り出そうとしている（『読売』一九一八・五・一五）。

また、買う方も体裁が悪く、「さすがに外米を」とはいいづらく、「一升二十一銭の米」をくれといったように、外米の購入にはなお抵抗があったが（同前）、高騰を続ける米価を前に、「斯う云う時勢になって見れば、それ位の事に頓着しては到底中流階級の人々はやって行き切れますまい」といわれたように、背に腹はかえられなくなったのも事実であった。

いよいよ東京では一八年五月二〇日から売出しとなった。最大の指定商である三井物産には売出し前から続々と注文があった。外米管理令では一〇〇〇袋以下の注文は断ってもよかったが、同社は「普及の目的」から小口の注文を歓迎し、逆に五〇〇〇袋以上の注文は「お断り」したという。

外米の売れ行きは大都市ばかりでなく農村においても好調であった。三井物産の談によると農村の需要が大きく、外米に「大に期待」し「買気は頗る強」かった（同前、一九一八・五・二二）。深川の米穀商も、とくに東北地方へ向けて「夥しい外米が供給」されたと述べている（同前、一九一八・五・一〇）。東北は北陸とともに、明治末の凶作を契機にすでに外米が導入され、その消費はある程度普及していた。旺盛な農村の外米需要は次のように報じられている。

大都市では財界の好況により労働者たちも収入が多く贅沢となっているため、外米の売行きが少ない。これに反し田舎は、さすがに粗食に慣れているのと値段が安いので需要が多く、地方向は一般に注文が山積している有様である。……ことに東北地方はもともと外米を多く採っている所であり、外米の大部分は東北方面へ吸収されつつある。（同前、一九一八・六・五）

東京市中の外米・朝鮮米廉売

一九一八年（大正七）七月を過ぎて米価が一層高騰すると、東京市の市街地でもいよいよ外米人気が高まった。八月の上旬、全国各地に騒動が飛び火するなか、東京市内の小学校や区役所では外米廉売が活発に繰り広げられた。また東京では、朝鮮米や日本米の廉売も同時に行われた。

鈴木商店東京支店の広告（次ページ図11）によれば、八月五日から一石三七円、容器持参者に一升以上で朝鮮米を売り出すと記されている。販売場所は京橋区（現、中央区）月島通一丁目の東京精米株式会社、深川区（現、江東区）冬木町の共盛精米合資会社、同区

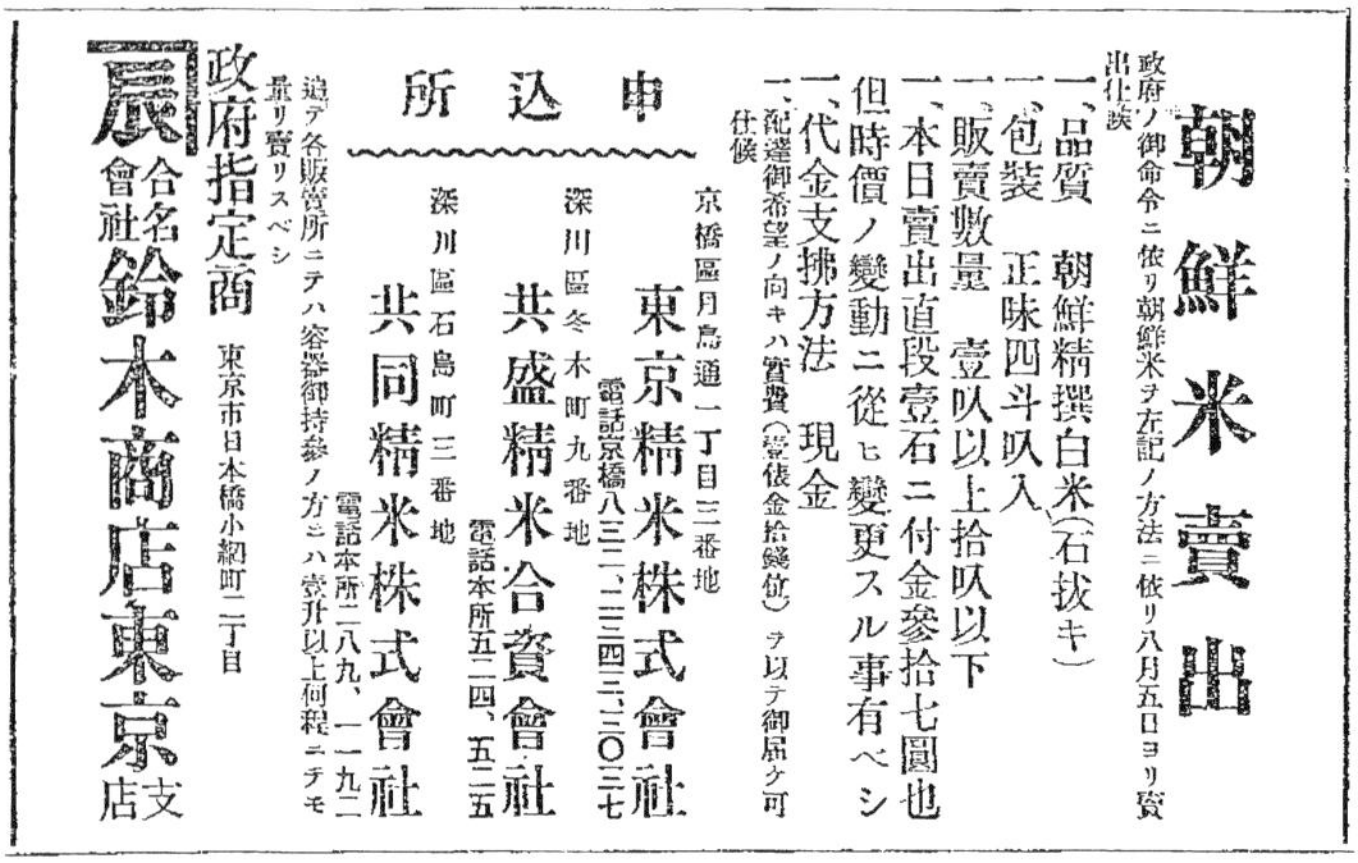

朝鮮米賣出

政府ノ御命令ニ依リ朝鮮米ヲ左記ノ方法ニ依リ八月五日ヨリ賣出仕候

一、品質　朝鮮精撰白米（石拔キ）
一、包裝　正味四斗叺入
一、販賣數量　壹叺以上拾叺以下
一、本日賣出直段壹石ニ付金參拾七圓也
但時價ノ變動ニ從ヒ變更スル事有ベシ
一、代金支拂方法　現金
一、配達御希望ノ向キハ實費（壹俵金拾錢位）ヲ以テ御届ケ可仕候

申込所

京橋區月島通一丁目三番地
東京精米株式會社
電話京橋八三一、一三四三、三〇三七

深川區冬木町九番地
共盛精米合資會社
電話本所五二四、五二五

深川區石島町三番地
共同精米株式會社
電話本所二八九、一一九二

追テ各販賣所ニテハ容器御持參ノ方ニハ壹升以上何程ニテモ量リ賣リスベシ

政府指定商
東京市日本橋小網町二丁目
合名會社鈴木商店東京支店

図11　鈴木商店東京支店の朝鮮米売出の広告
（『読売新聞』1918年8月5日付朝刊より）

図12　京都市内での廉売風景

石島町の共同精米株式会社であった（『読売』一九一八・八・五）。一升につき朝鮮米三七銭は、外米二〇銭に比べかなり高いが、こちらの方が人気があったという。売り出される朝鮮米は日本米の三等程度といわれたが、実際は「優に三等米を凌（しの）ぐ」とも報じられ「大評判」を博したのである。

売出しは八月五日午前八時からであったが、販売所となった三社には売出時間前からザルをかかえた主婦らが多数集まり「店の前は真黒に」なった。三社とも前日の朝から「死物狂いで精白に努め」たが不足がちであったという。東京精米の社員は、午後五時までに八〇〇俵は出るが、「先頃の外米など、は異（ちが）い大した人気です」と語った。少しでも質がよい朝鮮米の方が人気があったのである。

> 安くてもまたお腹のすぐへる外米の様ではと思い、昨日は朝鮮米を一升買ったが、どうしてなか〳〵味がいいのですよ。お腹の耐（こた）えもよいし、炊く世話も日本米と違いありませんよ。

という評判であった（同前、一九一八・八・八）。このため、朝鮮米は「一般需要者には中々手に入らぬ」ともいわれ（同前、一九一八・八・一〇）、指定商以外の商人や東京府もその廉売を試みた。八月一二日から府は朝鮮米の売出しをはじめ、下谷区（現、台東区）・

浅草区（現、台東区）・本所区（現、墨田区）の小学校で毎日午後四時から八時まで売り出すこととした。同時に外米も廉売され、一升につき朝鮮米三七銭、外米二〇銭であった。買い手が殺到して買えずに帰った「お婆さん」の「実話」もある。

> 最初には桜橋で朝鮮米を売るとの事で出かけましたが、あの人込で若い者や力のある人が押合って買ってしまい、わたしなどが前へ出た時にはお米は売切れとのことで、さんざんな目に合って一粒も買えないで帰りました。（同前、一九一八・八・一七）

さらにこの「お婆さんは」は何度か廉売に出かけるが、「黒山のような人だかり」にけがをしたり、買えずに帰って電車賃を無駄にするばかりであった。

諸団体の廉売

米騒動が激化する一方で外米廉売が活発化すると、婦人団体もそれを主催するようになった。一九一二年（明治四五）に外米を廉売した日本女子商業学校学監の嘉悦孝子は、大戦期から「花の日会」を催し、花を売って得た利益を社会事業にあてる活動をはじめていた。花の日会が外米流通費用の一部を負担し、目標を「四、五十円の収入の中流階級」として、市内白米商の委託販売という形式で一升二〇銭位で廉売を試みた（『読売』一九一八・八・一三）。八月一四日の廉売当日には、

> みなさん、世間には外国米を食べるのを恥と思っていらっしゃる方がありますが、

こんな危急の時に、そんな事を考えている人こそ却って恥なのですよ。

と、購入を戸惑っている「おかみさん」たちに訴えた。また外米の炊き方だけでなく、

御飯をバタでいためて十銭ほど牛肉を買い、おしたじとお砂糖で味をつけますと、ハヤシライスというおいしいものが食べられますよ。

と、ハヤシライスの調理法も説明した（同前、一九一八・八・一六）。こうした料理は中流家庭向けといえるが、ある「花の日会指定外米販売所」では一升一〇銭の看板も立ち、「あんまり安いから石油くさくはないかしら」と案じる声もあったという（同前）。同会の外米廉売は中流からより下層の人々をも対象としていたといえよう。

また東京府慈善協会（のちの東京府社会事業協会）も浅草区・本所区・下谷区の市内三ヵ所で外米と朝鮮米の廉売を開始した。外米は一升一五銭、朝鮮米は三五銭と格安であったのは寄付金が充当されたからであった。午後四時から八時までの売り出しで、浅草区玉姫小学校では四時に開門すると、「多くは腰巻きに袖無しの襦袢を着けて乳呑子を背負った女房さん連がゾロ〳〵入って」整然と売り捌かれた。購入したのは、三升が一五〇人、二升が一三〇人、一升が一二〇人であった。同校の校長は、一升が少ないのは晴天が続いて働く日が比較的多かったためで、雨天が五、六日も続けば「それは惨めなものです」と語

った（同前、一九一八・八・一三）。本所区三笠小学校では定刻から続々と「おかみさん」が子供たちを連れて詰めかけ、校長も「大童になって甲斐ぐしく」働いた。また下谷区万年小学校では憲兵と警官が「佩剣の柄を握って物々しく控え」ていたが、場内には米俵が山のように積まれ静かに売り捌かれたという。

食費の暴騰

ところで外米が不人気なのは粘りがなく臭気があり、やはり多くの市民には食べ慣れなかったからである。一九一七年（大正六）に創刊した『主婦の友』は都市の新中間層の女性たちを対象に部数を伸ばしたが、発行間もなく諸物価の高騰に直面した。主婦の投書による個々の家庭の節約記事は多彩な工夫を紹介している。

一八年半ば頃からは、暴騰する米価に直面して食費を切りつめる家庭も多く出てきた。粗食が健康を害するのではないかという懸念には、「美食は健康の敵、粗食は健康の友」（『主婦の友』一九一七・一〇）、「粗食をしても健康は保てる」（同前、一九一八・五）のような記事が載せられた。また少しでも安価な米を買うため「白米はどうして買ったが経済か」（同前、一九一七・一二）、「米屋は時時取換えるがよい」（同前、一九一七・一〇）、「米屋に誤間かされぬ工夫」（同前、一九一八・五）、などの記事が続々と出た。

また、一八年五月号に載った「安価食料品番付表」は、一八年三月の東京で一〇銭で買える各種食品の分量とカロリーで表示された「滋養価値」を番付にしたものである。東の大関は稗（二二二六匁四、二八四六カロリー）、西の大関は粟（二一〇七匁六、二七六七カロリー）であった。上位には、もろこし粉・大麦・卯の花・大豆・玄米・黒豆などが並んでいる。

都市民の外米消費

外米に関する記事も多くみられるようになった。一九一八年（大正七）七月号の「外国米の美味しい食べ方の研究─安価な外国米を美味しく食べるいろ〳〵な方法─」という記事は嘉悦孝子によるものである。彼女の故郷熊本では米の消費が少なく、粟の消費が盛んであった（六四・六五ページ表5）。子供の頃は粟飯を「非常に美味しい」と思ったが、米食に慣れてみると「実にもそ〳〵として、どうして此の様なものがあんなに美味しかったかと不思議に思」ったと述べ、外米も「これと同じ道理」だという。つまりはじめは食べにくいが、なれれば外米も「口触りもよくなりましょうし、味も出て来ようと思います」というのである。糯米を混ぜる方法も研究したが、日本米六割に外米四割（または五割ずつ）を混ぜるのが最適という。そのコツは、よく米をとぐ、臭気をとるため塩を入れてとぐ、炊くときもほんの少し塩を入れる、吹きこぼれないように火加減を調節する、粘りを出すため丸麦を入れるなどであるが、いちばんの基本は食べ慣れることだという。米不足をよそに、食べず嫌いに「南京米なんかゞ口に出来るか」などと「威張っている」人の心情は「つく〴〵不思議に思います」と結んでいる。

また、跡見女学校の創立者跡見花蹊は次のように述べる。

> 外米を甘いと褒める人は外米なんか食べなくてもすむ人だ。外米はバサバサしてとても生命を繋ぐ日本米の代りなどにならぬとこぼす人は、むしろ外米を食べなければその日の糊口にも困るほどの労働者である。(『読売』一九一八・八・一八)

こういう彼女は、外米の食べ方として朝鮮米を混ぜる、蓋を堅くする、油揚げ豆腐・小豆・肉などの混ぜ飯にすることなどを紹介している。

多様な外米需要

大都市では外米消費に限界があったのは確かであろう。外米廉売に行列をつくる人々は多かったが、外米を嫌う者も少なくなかった。『主婦の友』誌上には、大戦景気にうるおい、月額一〇〇円を超える支出が可能な家計の紹介記事も多かった。こうした家庭には外米や朝鮮米の廉売などは無縁であったといえる。また、四谷鮫ヶ橋でも好況のときは、「昔のような惨めな人達」だけではなかった。たとえば一九一八年(大正七)六月などには、外米の売れ行きも悪く残飯屋も「商売を休んで居」るという有様さえ報じられている(『読売』一九一八・六・一二)。

横浜でも、米騒動のさなかの一九一八年八月一四日から、一升一五銭という安価で外米廉売がはじまったが、初日の売れ行きははなはだ不振であった。

　廉売と聞いて日本米があると思って来たが、外米では「ご免蒙る」などと立去る者が少なくない。この付近の「細民」は熱心に外米を希望しているとは見受けられない。午後一時までに売出した量はわずか七斗内外で、係員も「いささか意外の感」のようだ。(『横浜貿易新報』一九一八・八・一五)

しかし他方で、最下層でなくとも、低廉な主食を切望する声も多かった。『主婦の友』一九年九月号に載った東京の「某中学校教師の妻」による、「生活難に泣く中流主婦の悲痛な叫び—下級労働者に勝る中流家庭の悲惨さを訴うる叫びを聞け—」という応募記事によれば、この妻は「物価騰貴の荒波」により「平和な眠りから呼び醒まされた」という。「女中」を廃して手内職をはじめ、夫は夜学の時間講師に出かけたものの、日用品の騰貴が「遂に私達の精も根も擦り切らさずにはおかぬという風に肉薄」してきたのである。政府のすすめる節米は「いわれるまでもない」ことで、さらに「麦も南京米も馬鈴薯も食べ」て「極度の節約」をしたという。

彼女は、「中産階級の苦しみ」は「下級労働者の生活難」よりも「幾層倍の苦しみ」であると述べる。それは、「多少の知識や見識をもっている階級」には「体面（たいめん）を重んずる苦痛」があるからであった。嘉悦孝子らが「見栄（みえ）をはらずに」と呼びかけ、婦人団体が実施した外米廉売はこうした人たちを対象としたものといえよう。

外米食へ

全面的に外米食に切り換えた家庭の記事も紹介されている。一九一八年（大正七）一二月号に載った名古屋に住む月給四〇円の家庭は、夫婦に母と幼児の四人暮らしであるが、「今度の物価暴騰」は「うっかりしていては食ってゆくだけにも事をかく」おそれがあった。そこで掛け買いを現金買いに改めて月に六八銭節約し、次に米代の節約を試みた。妻は「大胆な決心」をして、米をすべて日本米から外米に切り換えようとしたのである。日本米一石あたり四七円のとき外米は二四円であった。日本米が三〇円台のときさえ「随分火の車」であったので、「これからはどうして生計を立てようか」と一人で悩んだ末の結論であった。外米について知識がなかったので、炊き方は「御誌を初め新聞雑誌等につき研究」したという。家での試食会は「大成功」であったが、夫が「冷飯になったら米粒が収縮してバラ〳〵いたし、頗（すこぶ）る不味（まず）い」と「非難の声」をあげたので、朝夕二回炊くことにした。来客のときには外米だと困るが、そのときは、次のように「料理した御飯」を出した。

一番手軽で安価で何方でもお好みになるのはライスカレーであります。ライスカレーにしますと外米と気づく方は一人もありません。

ハヤシライスやカレーライスは外米に適したメニューであった。

安価生活

『主婦の友』誌上には、比較的余裕のある家庭の記事も多いが、「中流」にも幅があり月収二〇～四〇円前後の低収入の層も多く登場する。一九一七年（大正六）後半頃からは、こうした家庭が物価高騰のもとでどう家計を切り盛りするか、その「安価生活」の実際を紹介する記事も多くなる。

たとえば、一七年七月号には、役所勤めの夫の月給一六円で生活する夫婦の家計が紹介されている（次ページ表14）。牛込に間借りし、四円の米代は支出の四分の一を占めたが、妻は「食物ばかりはあまり倹約も出来ませんので苦心致して居ります」という。

一七年九月号には月収一二円で暮らす夫婦の生活が掲載された（次ページ表15）。こちらは、麦を四分混ぜた麦飯でしのいでいる。米代三円（一斗二升六合）、挽割麦代一円二六銭（九升）、計四円二六銭である。二人で一日七合炊いたという。しかし米麦の価格が騰貴してきたので、不足額を補っていた予備費が尽きてきた。「米麦代が如何に暴騰しても、この予算額の一二円は決して増加せぬ決心」だと語っている。この記事には、月一円二〇銭

表15　月給12円の家族の家計

費　目	金　額
米　1斗2升6合	3.00円
挽割麦　9升	1.26円
家賃	2.50円
電灯料	0.45円
味噌醤油代	0.50円
炭代	0.70円
塩・茶・砂糖・鰹節	0.35円
副食物代	1.20円
毎夕新聞代	0.20円
両人入浴代	0.60円
両人理髪代	0.20円
雑費・予備費	1.40円
合　計	12.36円

(出典)「日給四十銭で夫婦暮し者の活計」(『主婦の友』1917年9月号) をもとに作成。
(注) 夫婦2人暮らしの1ヵ月の家計。

表14　月給16円の家族の家計

費　目	金　額
役所貯金	0.20円
共済組合	0.51円
貯金	0.50円
米代	4.00円
醤油代	0.40円
書籍代	0.50円
切手代	0.20円
交際費	0.50円
石鹸紙油等	0.30円
家賃	3.50円
炭代	1.10円
お菜代	2.00円
味噌代	0.30円
砂糖代	0.10円
銭湯費	0.60円
被服費	0.50円
主人小遣	0.79円
合　計	16.00円

(出典)「月収十六円で夫婦ぐらしの役人」(『主婦の友』1917年7月号) をもとに作成。
(注) 夫婦2人暮らしの1ヵ月の家計。

表16　購入した副食物の内訳

月　日	副食物	価 格	使　用　方　法
6月1日	小かぶ	2.0円	1・2日の汁実，1～3日の香物
	油あげ	4.5円	2枚夕食，1枚2日の弁当菜
2日	目ざし	3.0円	4束夕食，2束3日の弁当菜
3日	唐菜	2.0円	4・5日の汁の実，4～6日の香物
	小かぶ	1.0円	夕食，4日の弁当菜
4日	馬鈴薯	3.0円	夕食，5日の弁当菜
5日	大豆	3.5円	夕食，6日の弁当菜
6日	小松菜	2.0円	7・8日の汁の実，7～9日の香物
	ぜんまい	3.0円	夕食，7日の弁当菜
7日	油あげとうふ	2.0円	夕食
	ごぼう	2.0円	8～10日の弁当菜
8日	鯖	4.0円	夕食
9日	小かぶ	2.0円	10・11日の汁の実，10～12日の香物
	とうふ	2.5円	夕食
10日	にしん	3.0円	夕食，11日の弁当菜

（出典）「日給四十銭で夫婦暮し者の活計」（『主婦の友』1917年9月号）をもとに作成。

の副食物（おかず）についても内訳が添えられている（二〇三ページ表16）。この家庭の「定め」によると、朝は味噌汁か「かつぶし味噌」、昼は、夫は弁当、妻は「香物（こうのもの）、もしあれば余りもの」、夕は「おかず」であった。野菜・豆類、魚、豆腐・油揚げなどが主であり、余りものは翌日の弁当に入れたり、妻のおかずになったりした。無駄（むだ）が出ないよう工夫し、麦飯とこの副食物によって三食が構成されていた。質素な食事の様子がうかがえる。

二食主義

また一九一七年（大正六）九月号には月一八円で親子三人（本人内職と老母、女児）が暮らす例が紹介された（表17）。家賃が五円八〇銭と高いので米代は三円五〇銭におさえられているが、これは本人が朝食を抜いて一日二食に「減食」したからである。ただし白米の騰貴をなげいているように、外米や麦などは用いず日本米のみを食している。

翌一八年半ばになると事態は深刻になる。一八年五月号に掲載されたのは、諸物価が高騰しながらかえって生活費を節約した、夫婦と幼児一人の家族の家計である（二〇六ページ表18）。これは、前年の一七年一〇月と一八年一月の支出を比較したもので、この間に夫の給料や妻の内職賃の収入は月三〇円から三六円に増加した。一方支出の増加は米代と雑費・木炭代に限られた。最大の支出増は米代で四円から六円へと五割増となった。ここでも「二食主義」を採用し、かつ農家から直接玄米を購入して節約したにもかかわらず米代の支出増を余儀なくされたのである。この家の「二食」の献立が二〇六ページの表19である。やはり質素な食事であるが、先にみた月収一二円の家庭よりは、魚や豚肉をとることが多いのが目立つ。しかし妻は、野菜や魚の値段が騰貴したため、食費は「前より却って幾分減額」して「粗食」をしていると述べている。

同誌には別に、識者による「経済と衛生とを兼ねた二食主義の実験」（『主婦の友』一九一八年五月号）という記事も載せ、「二食主義」を応援している。この家庭は金沢（かなざわ）の市街か

表17　月給18円の家族の家計

費　目	金　額
家賃	5.80円
米代	3.50円
惣菜	2.10円
調味料	0.70円
燃料（風呂共）	1.00円
電灯料	0.45円
教育費	3.00円
老母小遣	0.50円
雑費	0.50円
貯金	0.50円
合計	13.55円

（出典）「一ヶ月十八円で東京市内に親子三人暮」（『主婦の友』1917年9月号）をもとに作成。
（注）親子3人暮らしの1ヵ月の家計。

ら郊外の間借りへ移って、さらに家賃を節約したが、交際費も減少したという。こうして貯金を大幅に増やすことに成功したのである。将来子供に費用がかかることを予想し、予定額一〇〇〇円の貯金を目指して取り組んだ「安価生活法」の成果であった。

表18　生活費を節約した家族の家計

費　目	1917年10月	1918年２月	増　減
収入合計	30.00円	36.00円	6.00円
支出合計	30.00円	36.00円	6.00円
米代	4.00円	6.00円	2.00円
副食物費	3.35円	3.00円	△ 0.35円
電灯料	0.45円	0.45円	0.00円
家賃	3.00円	2.50円	△ 0.50円
雑費	2.35円	2.50円	0.15円
木炭代	0.65円	1.05円	0.40円
通信費	1.20円	0.60円	△ 0.60円
図書雑誌代	3.00円	2.00円	△ 1.00円
臨時費	1.70円	1.60円	△ 0.10円
主人貯金	10.00円	16.00円	6.00円
子供貯金	0.30円	0.30円	0.00円

（出典）「斯うして生活費を減少した」（『主婦の友』1918年５月号）をもとに作成。
（注）親子３人暮らしの１ヵ月の家計。

表19　「二食主義」の家族の献立

曜日	朝食	夕　食
月	大根の汁	豚・蓮根・里芋・牛蒡のごった煮
火	里芋の汁	前日に同じ
水	大根の汁	油揚の汁
木	焼麩の汁	鰯塩焼と鰯の汁
金	葱の汁	鰯の塩焼きと葱の汁
土	牛蒡の汁	油揚とぜんまいの煮付
日	大根の汁	蟹の煮付

（出典）「斯うして生活費を減少した」（『主婦の友』1918年５月号）をもとに作成。

原敬内閣の対応

寺内正毅内閣が米騒動後に倒れ、一九一八年（大正七）九月には原敬が政友会を率いて組閣にあたった。新しく農商務大臣となった山本達雄が、「日本米の産額は到底国内の需要に足らないから、補充はひとえに外米輸入に頼るほかない」と述べたように、原内閣も外米輸入に依存した政策を基本的に引き継いだ。

原内閣は早速、一九〇五年（明治三八）から継続していた外米輸入税を、一八年一一月に緊急勅令によって無税まで低減可能とし、即日免除した。また同時に、寺内内閣がはじめた外国米管理令を廃止し、市場に干渉しない方針を示した。その理由は、適当な輸入量の認定が難しく、政府の「独断」で直接輸入を行うには「困難なる事情」があったからである（『米穀法制定の経緯資料』）。政府があえて民間の「自然的輸入」に期待したのは、前内閣がその責任で直接外米輸入を管理したが実際に効果はなく、ついに米騒動の発生をみたからであった。政府は外米の確保に「独断」で乗り出す自信がなかったのであろう。米価は騒動後も高騰を続け、外米産地の輸出制限や禁止はなお続いていた。

実際、原内閣は翌一九一九米穀年度（前年一一月～当年一〇月）の需給関係は、米騒動がおきた一八年度よりさらに悪化することを予測していた。つまり、農商務省内で作成された資料によれば、一八年度と比較して一九年度の供給量は、供給増がみこまれるもの一六八万石（国内の収穫増一一八万石、朝鮮米移入増加見込五〇万石）、供給減がみこまれるもの四〇〇万石（一一月末現在の在米量の減二三〇万石、新米への食込増一〇〇万石、人口自然増による消費増七〇万石）、差引二三二万石の減と予想されていた。一八年度には総計三八〇万石の外米輸入があったにもかかわらず端境期に不足して、八月には米騒動が起きた。したがって一九年度にはさらに二三二万石増やして、少なくとも六一二万石の外米が必要になるという予測である。

外米輸入年間六一二万石という数字は、かつてない莫大なものであり、産地の事情を考慮すればおよそ実現は不可能であった。外米輸入の可能量は、作柄が平年並みであれば、諸事情を考慮し三九〇万石に限られることが判明していたのである（同前）。しかも、国内の一九一八年産米の実収は予想を下回って五四七〇万石、前年より一三万石増にとどまった。原内閣の発足当初には、米穀需給関係は寺内内閣の時期よりいっそう逼迫し、憂慮すべき深刻な事態をむかえていたのである。

外米買付

このため原内閣は、積極的な外米買付政策を寺内内閣から引き継いだ。一九一八年（大正七）一一月一七日に山県有朋と会見した原は、「米の不足は何とかせざるべからず」という山県に対し、「不足の分は〔政府が〕外米を買入る、の外なしと思う次第」（『原敬日記』）を告げている。

ただし原内閣の買付は、前内閣のように政府が表立って買い付ける方法をとらなかった。表向きは不干渉を表明しながら、三井物産ほかの指定商を通じて一九年中に一一八万石を買い付けたのである。さらに陸軍が中国で買い付けた四四万石が加わった。その合計一六二万石は同年の外米輸入量四六四万石の三五％にのぼった。

しかもこの買付の多くは、一九年夏の端境期に集中していた。一九年半ばになると輸入税の廃止程度では外米輸入の促進はむずかしくなっていた。六月には、外米産地の事情が「漸次変態を来たし」たため、政府のとる「自由放任主義」では今後の輸入は「最早絶望の外なかるべし」と報じられていた（『中外』一九一九・六・一三）。外米産地における輸出制限や米価高騰のため、輸入取引の採算が困難になっていた。新規買付は見合わされ、六月以降は輸出許可を得ても、買付契約が成立しないという状況に陥ったのである（『読売』一九一九・六・一）。

このため、政府の「奥の手」である外米の直接買付（『大朝』一九一九・六・二七）が本格化した。政府の買付は民間の輸入を補い、一九年半ばにいったん急減した外米輸入量は八～九月に再び増加した。これは、八月以降の端境期に実施した八五万石の外米売却を可能にし、危機回避に一定の機能を果たしたといえる。

巨額の輸入費用

しかし、この買付のために政府は、逆鞘補償や諸経費に巨額の支出が必要となった。一九一九年（大正八）六月二四日付の『原敬日記』によれば、当日の閣議で外米買入資金五〇〇〇万円が内定したが、これは寺内内閣が外米管理に支出した補償額をはるかに上回る額であった。同年一〇月一三日、山県と物価調節について談話した原は、公債を募集して外米を買い入れて政府の手で廉売し、米価も公定すべきだという山県に対し、価格公定は売り惜しみが出て逆効果だとしたうえで、次のように述べた。

外米は容易に得られず、政府の買い入れたる外米は百二、三十万石にして価は日本に於ける売値の倍以上のものも之あり、加之（しかのみならず）第一の産地たる蘭貢（ラングーン）は輸出を禁止し暹羅（シャム）も同様他は制限と言う有様にて金あるも容易に米は得られず。（『原敬日記』）

大幅な逆鞘を負担しながら、政府は外米を買い付けた。一九年は年初から米価がほぼ一貫して上昇し続けた。悲観的な需給予測があり、端境期を前にして無理をしても買い入れようとする政府の姿勢がうかがえる。農商務省は、「数量の不足を調節するためには、いかなる犠牲も払う必要がある。外米価格の高低などは論の限りではない」（『東京朝日新聞』〈以下、『東朝』と略す〉一九一九・七・二〇）といって買い付けたのである。

第一次大戦期の未曾有の好況をへて、政府の財政事情は大きく変わっていた。日露戦後に国際収支が悪化し、正貨の流出に苦慮していた頃とは状況は一転していた。しかし、「金」があっても、外米は輸出制限や禁止措置により「容易に」輸入できなかったのである。

莫大な資金を投じた政府の外米買付を批判する論調もあった。『大阪時事新報』（一九一九・一二・二）は、政府の損失が三〇〇〇万円を下らないだろうと報じた。

> 政府は約一二〇万石の外米を買い付け、最近漸くその大部分を輸入した模様である。買い付けと輸送には少からざる手数と驚くべき対価を支払ったようである。政府は目下なお厳秘にしているが、仄聞するところによると当時原産地の市価は、甚だしいときには一石一〇〇円以上のものも多く、仮に平均六〇円とすれば一二〇万石で七二〇〇万円を要する計算となる。……売却価格は一石平均約三六円となる計算で、今仮りに一二〇万石全部をこの価格で払下げると、払下げにより得る総金額は四三二〇万円となる。したがって政府は二八八〇万円の欠損を負担しなければならないこととなる。……外米買付けによる政府の損失は、前述買付価格に大きな相違がなければ、

三〇〇〇万円を下らないと見て大差ないだろう。

一九一九年度の農商務省の予備費支出は、陸海軍両省所管の額を大きく上回って九〇〇〇万円を超えた。このうち経費を除く七千数百万円が外米の買付と売却による損失であったが、これを同紙は「破天荒の事実」と断じている。

原首相の米麦混食論

同時に原敬は節米を呼びかけた。外米買付を終えたがなお米価がその頂点にあった一九年末、原は「米麦混食の奨励」という小論を発表した。麦飯を奨励したもので、その冒頭では次のように述べている。

諸君にして、今米飯を用いて居られるならば、明日より早速これに二割もしくは三割の麦を混じて用いられよ。もしまた諸君にして既に米麦混食を行って居られるならば、進んで知友隣人に熱心これを説き勧められよ。これは糧食問題の極めて重要なる時にあたり、忠良なる国民の最も簡便にして又最も有効なる愛国的努力である。（『原敬全集』上）

つまり原は一八九八年（明治三一）から一九一七年（大正六）にかけて、好況により「米麦混食」「純麦飯」「雑穀等を用いて居た者」が「米飯」に変わったため、米の消費が増えて麦の消費が減る傾向がすすんだと指摘し、「国民一般」が麦飯を常食にすれば米不足の問題解決に「至大の利益」があると主張する。

原は、米不足対策には米の増産と消費の節約が必要だが、前者は「積極策」であり、開墾や農事改良、朝鮮・台湾からの移入増により二〇〜三〇年後には「自給自足の方法が立」ち、しかもその「自信は十分にある」と明言する。しかし後者の「消極策」、つまり消費節約が必要なことも強く訴えた。原によれば、米の消費を数年前のレベルに戻し、毎日白米消費の二〜三割を麦に代えるだけで、米不足はかなり緩和されるはずであった。これは難しいことではなく、麦飯などは農村ではごく一般的であるから、従来の習慣に少しでも戻ってほしいというのである。

米麦混食に至っては、少しも従来の習慣を乱すこと無く、地方の農民や、殊に両三年来の好景気につれて専ら米飯を用いることになった人々の如き、以前は米麦の混食をして居た訳（わけ）であるから、此等（これら）の人々に取りては唯（た）だ之を復旧するだけのことに過ぎないのである。

農村の節米

節米の呼びかけに対する反応は地域によりさまざまであった。全国的には米の消費割合を節約したり、麦や雑穀（ざつこく）・外米などの混用が奨励され「米単用」が減じた。しかし、たとえば近畿地方では一九一八年（大正七）に麦や外米消費が増加したが、それには限界もあった。大阪では外米の混用は一割以下にとどまり、米騒動後はさらに米消費が拡大していくのである（『変遷』）。

一方で、麦や雑穀の消費によって、節米がすすむ地域もなお多くあったといえる。当時の節米奨励の実情が判明する地域は少ないが、一九一九年と二〇年に実施された節米奨励の関係書類（群馬県立公文書館蔵）が残る群馬県の場合をみてみよう。

群馬県でも、高崎市のような都市部では米の消費が活発化していた。市内中央小学校の児童の弁当を調べた結果は、半数は白米の飯であるが挽割・押麦・半搗米のものが三分の一程度あり、公設市場では挽割・押麦・甘藷がよく売れるなど、麦飯もある程度普及している。しかし工場のある新町では「職工」が多く、家庭では「米価高きに拘らず苦痛なきもの多く混食をなすもの少きが如し」と記されたように節米はほとんど行われなかった。

一方、農村や山間では節米はかなりすすんでいる。山村ではとくに、もともと米の消費がそれほど盛んではなく、麦や雑穀の消費量がなお多かった。吾妻郡では「混食、代用食は節米奨励前から既に実行」していることであった。中之条のような町場では「米のみ使用」するところもあったが、「近頃は混食」となったという。ほかは、挽割を混ぜた麦飯や、粟・稗などを食し、児童の弁当には粟・柿・甘藷などもみられた。

また甘楽（かんら）郡では米四割・麦六割の麦飯で、馬鈴薯や甘藷は間食に用いられた。間食を多く取って飯量を減じていたという。また夕食には小麦粉七・糟粉三分を混じた「切込うどん」を食した。児童の弁当をみると、米飯持参は六〇〇名中一〇名以下で、なかには「甘藷・芋頭（いもがしら）・麦のみの飯」を持参するものもあった。この調査は、「要するに我々の想像以上に」節米が進んでいることを確認している。

米消費の変容と米作——エピローグ

米食の拡大と輸移入米

明治末の一九一〇年前後から米価は大幅な変動を繰り返したが、その過程で一人あたり米消費量は着実に増加し、すでにみた四三ページの図4のように、一九二〇年頃には年間一石弱の水準に達した。一〇年代末には著しく米価が高騰したが、一人あたり消費量は減少せずむしろ増加している。一八八〇年代半ばからはじまる都市と農村を通じた米消費の拡大は、人口の増加に加えて個人レベルでも米消費の顕著な伸びに支えられたものであり、ここに一つの到達点にいたり二〇年代になるとほぼ安定して推移するようになった。ただし、「節米」への対応に大きな違いがあったように、米食の拡大には地域差が著しかった。農村や山村では、麦飯や雑穀を混じた飯がまだ一般的であったといえる。

米消費の拡大は国内米作の発達を上回る速度ですすんだから、輸移入量の増加をもたらすことになった。最終的な不足は外米に依存せざるをえなかったが、その円滑な輸入が阻害されることもあった。大戦景気を背景とする急速な消費の拡大と、大戦末から戦後の輸移入の停滞は、一九一〇年代末の米価の暴騰をもたらし米騒動を引き起こした。米不足はきわめて深刻な段階にさしかかっていたのである。

このため対外依存を基調とするような、主食供給の枠組みが形成されていった。つまり、一九一〇年（明治四三）から一九年までの一〇年間の米穀供給の内訳は、日本米九一・九％、植民地米三・四％（朝鮮米一・九％、台湾米一・五％）、外米三・七％である。日本米は九割以上を占めているが、市場に出回る部分を考えると植民地米や外米の比重は大きい。国内農業の発達には限りがあったから、米食の顕著な拡大は輸移入米の増加によってはじめて可能になったといえる。また国内の産米も、植民地や東南アジアからの輸移入米、および諸産地とのきびしい競争をともないながら、取引量を拡大させていった。

自給課題の浮上

一九一〇年代末の未曾有の米価暴騰は、一九二〇年（大正九）産米の記録的な大豊作によっていったん沈静した。東南アジアの外米産地でも、対日輸出制限や禁止措置の解除がすすんだ。さらに一九二〇年恐慌の影響により物価が下落し、米価も急落していった。

米価は下がったが、一九一八〜一九年の危機的状況は、米不足への唯一確実な解決策として「自給の達成」という課題を浮上させた。外米輸入は確実性に欠け、過度の依存は危険がともなった。原敬が記したように、「金」がいくらあっても外米の購入が難しいという事態に直面したのである。また二〇年代の半ばには、再度不足が深刻化し米価は一石あたり四〇円を超えて上昇した。第一次大戦という最初の総力戦を経験した「帝国主義」の時代において、戦争や災害により米の輸入が阻まれたため、「腹がへっては戦ができぬ」という格言が現実味を帯びたものとなったのである。

その自給とは、実際には日本本国および植民地朝鮮・台湾を含めた「自給」であった。当時の国内の生産力水準では、日本本国だけでは自給は到底不可能であり植民地の米作に依存せざるをえなかったからである。二〇年代は米の「自給」を目指して、本国・植民地を通じた増産や、政府の市場介入による価格政策が整備される時期となる。

一九〇〇年頃から明瞭になる米不足は、一〇年代末にその頂点に達し、以後半世紀にわたってその自給が試みられることになる。本書は一〇年代末頃まで、つまり米不足の発生とその本格化の時期を対象としたが、その後の自給達成、さらに米過剰にいたる道のりは長く、いくつもの紆余曲折があった。それを最後におって、本書が対象とする時代の特徴を考えたい。

一九二〇年代の「自給」政策

すぐあとに続く一九二〇年代は、植民地からの移入米にも依存しながら、米の「自給」達成に向かう時期であった。この間、年間一人あたり米消費量は安定しており、むしろ小麦粉の消費や食料消費の多様化によって、漸減傾向をたどっている。

一方で、日本国内はもとより、植民地でも米の増産が本格化した。朝鮮では「産米増殖計画」がすすんで大規模な水利事業が展開した。また台湾では、二〇年代後半に日本種の生育に成功し、「蓬莱米」と呼ばれる品種の作付が広まっていった。植民地米には移入税が課されていなかったから、両植民地からはこれまで以上に大量の米が日本本国に流入しはじめた。とくに朝鮮米の移入量が急増したが、国内の産米と比較してその生産費は安価であったから、次第に国内米価を圧迫しはじめた。国内の米価が下がれば、国内の増産計画にも影響をおよぼしかねない。

朝鮮と日本本国の増産の両立が次第に難しくなるという点については、二六年五月に農商務省農務局長の石黒忠篤が次のように述べている。

> 国内・植民地における「自給自足の増収計画」も、毎年の自給が……文字通り数字通りに行ったとすると、米価は却って下落して農村が生産を手控える結果、直ちにここで計画通りに行かなくなるということであります。これが今後の食糧政策の上において非常の難しい一つの点になると思うのであります。（石黒忠篤「食糧問題より観たる米穀法の使命」『米穀法施行関係資料その一』、「米穀文庫」農林水産省図書館蔵）

ところで米穀法が一九二一年（大正一〇）に成立し、政府は米を売買したり、輸入関税を適時に増減・免除することが可能になった。これは、政府が米穀市場に本格的に介入する端緒となった。二〇年代後半になると政府は米穀法により、豊作などで国内米価が下落しそうになると価格の維持を目的に米を買い上げるようになった。とくに秋から年末にかけては、国内産米の収穫期と朝鮮米移入が集中する時期が重なるため、買上げの措置が頻繁になった。

こうして二〇年代末頃になると、増産と米価維持は一定の効果を発揮し、国内の増産と植民地米移入の増加によって、「自給」はほぼ達成されるようになった。むしろ、植民地米、とりわけ朝鮮米の移入増が顕著で、これを含むとむしろ「過剰」になったといってもよい。このため、外米輸入は減少して、わずかな量をとどめるにすぎなくなった。

昭和恐慌から戦時へ

この「過剰」は、一九三〇年代はじめの昭和恐慌と重なり、深刻な米価の低迷をもたらした。暴落した米価の引上げは恐慌期の政治課題となり、巨額の資金が買上げのためにつぎ込まれた。国内の米価を圧迫する朝鮮米の移入については、移入税の復活や移入の制限を求める声もあったが実現はしなかった。国内の米価がある程度維持されても、移入制限がなければ、それはさらに移入米の増加を刺激する材料となった。

「過剰」に対しては、国内と植民地で「減反」する構想も出たが、これには陸軍が反対した。ただし、「過剰」対策が検討されている頃から、「過剰」は実際には解消に向かっていたといえる。朝鮮・台湾からの移入量は三〇年代半ばをピークとし、戦時期には急減したのである。一九三七年（昭和一二）には日中戦争がはじまったが、この頃から主食をめぐる諸条件が大きく変動する。二〇年代から消費が拡大していた小麦も、北米や豪州からの輸入が三七年以降は急減した。三〇年代はじめからは国内で小麦増産がすすむが、輸入減を完全にはカバーできなかった。

一九三九年の朝鮮・西日本の旱魃をきっかけにして朝鮮米移入が激減すると、いったん達成した「自給」の破綻が明白となった。外米を輸入するほか不足を補塡する手だてはなかった。にわかに食糧事情が逼迫したため、四〇年から配給・供出制度が本格化し、翌年には食糧管理法が成立した。配給米のなかには多量の外米が混入されるようになった。ところが、戦争の拡大によって外米産地の「南方」を勢力下に収めたため、米不足の問題は一時棚上げとなった。「南方」は「大東亜共栄圏」の「ウクライナ」と称されるようになり、再度深刻な姿を現しつつあった「米不足」をしばらく隠蔽したのである。

しかし、戦局の進展にともなって四三年以降、外米の輸送が困難となるにおよんで、食糧不足はきわめて深刻な形で表面化した。戦争末期には植民地からの移入もほぼ途絶して、「対外依存」は破綻した。こうして敗戦をむかえたが、戦後も同様の状況がしばらく続いた。敗戦の年の四五年産米は記録的な凶作であり、しかも植民地を失い輸入もできなかった。このように、戦争末期から敗戦直後の絶望的な食糧難は、本国のみでは自給できないという米供給の限界や需給関係の特質に由来するものであった。

食糧難の緩和と自給達成

この危機的な食糧難は、アメリカからの小麦輸入が一九四七年（昭和二二）以降に増加し、またタイ・ビルマ（ミャンマー）、アメリカなどからの米輸入が五〇年以降本格化したことによって一段落した。一部を輸入に依存する米の供給構造は戦後にも続いており、輸入の再開によってはじめて深刻な米不足が緩和したのである。

米の自給の達成に向かって生産量が伸びるのは、一九五〇年代以降のことであった。五〇〜六〇年代の米生産は目覚ましく進展した。農地改革による自作農化を前提として、土地改良事業の進展、動力耕耘機(こううんき)などの機械の導入、品種の改良と肥料や農薬の増投、そして米価の引上げなどにより、五〇年に九三八万トン（六二五五万石）であった生産量は、六七年には一四四五万トンへと一挙に拡大した。このため米の輸入量は激減し、戦後の米輸入のピークであった五四年には一七三万トン（一一五二万石）であったが、六〇年代に入ると凶作の年を除けば二〇〜三〇万トンに減じ、七〇年代以降は皆無に近くなった。こうして、ようやく自給が実現した。そして間もなく米は「過剰」となり、ここに一九〇〇年頃から続く「米不足の時代」はようやく終わったのである。

米の自給達成が実現に向かう一九六〇年代は、他方で米の消費が落ち込んでいく時期でもあった。高度成長期の生活の変化は食生活にもおよび、多様化と米離れがすすんだ。米の増産と消費の減退は、「過剰」の問題を浮かび上がらせた。

はじめにみたように、現在の一人あたり年間消費量は一九二〇〜三〇年代の一石弱の水準を大きく下回り、白米で一俵（〇・四石、玄米では〇・四三石程度）を切るにいたった。短期間のうちに消費水準は半分程度に減少した。いま仮に一人あたり年間一石弱の水準を回復したとすると、人口一億二七七一万人（二〇〇三年一〇月）として、飯米用だけでも一七〇〇万トン以上が必要となり、近年の米収穫量一三四〇万トンでは大きな不足が生じることになる。

米不足の六十数年

米不足の発生から国内米自給の達成まで、つまり一九〇〇年頃から六〇年代までの六十数年間の道のりは長かった。本書はその初期の局面、つまり二〇世紀に入る少し前、米消費が増加しはじめる一八八〇年代中頃から一九一〇年代末までをみた。産業化の進展と同時に、消費の急速な拡大により不足が深刻化した時期である。高度成長期とは対照的に米食への志向はきわめて強く、生活水準の向上により消費量が増加した。また、産地では米商品化に対応して品質管理の制度が整い、流通ルートや輸送手段が整備されるほか、輸移入を促す諸制度の枠組みが整っていった。

深刻化した米不足は輸移入によって補塡されるようになった。ただし、いったんそれが機能しなくなると深刻な食糧難に見舞われることになった。それをはじめて経験したのが米騒動前後の時期である。植民地米や外米への依存が本格化したが、それが一九一〇年代末にうまく機能しなくなったときに米騒動が発生したのである。戦時から戦後にかけて、一九四〇年代の食糧危機は、それがいっそう深刻になったものといえよう。

米離れがすすんで消費量は減ったが、一方で有名ブランドの人気は強い。より安全な、おいしい米を求めて、農法など米作り自体にも関心が向けられている。消費量は減っても、米食は一定のシェアを占め続けるように思える。二〇世紀がはじまる頃から、長い米不足の時代があったことを知ることは、現在の米過剰のもとで、米生産から消費を考える有力な手がかりとなろう。

あとがき

生まれ育った東京都葛飾区には、一九六〇年代半ばにもなお、あちこちに農地が残り、友だちとトマト畑を走り回って遊んではよく叱られた。少し遠出をすれば牛や馬もいた。小学校高学年になり、江戸川を越えて千葉県市川市の郊外へ引っ越したが、そこはまさに「農村」で、見渡す限りの水田が広がっていた。両親が晴れて手に入れた一戸建ての家は、高度成長期の宅地化の最前線にあった。田んぼはザリガニやカエルが生息する遊び場で、あぜ道からすべり落ちて泥だらけになった。中学校への通学路も田をよぎり、秋には何ともいえない稲穂の香りがした。

しかし広大な水田は、七〇年代の中頃から急速に埋め立てられ、住宅や幼稚園・小中高等学校、大型店舗などに代わり、今ではその面影はまったくない。減反がはじまり、また宅地化が本格化し、都心から一時間ほどの東京近郊にも広がっていた水田は姿を消した。

米は「過剰」といわれているが、二〇世紀の大半が「米不足」であったことは、それほど注目されない。戦中戦後の食糧難も「風化」しつつある。しかし授業で「残飯屋」が繁昌したと話すと、ふだんはあまり反応しない学生諸君も驚いて顔をあげる。消費や流通にも留意して、主食・米をめぐる諸問題を取り上げたのが本書である。なるべく具体的に述べようとしたが、わかりやすく書けているかどうか、読者の判断にゆだねたいと思う。

この数年、各地で展開する米作や産米改良、米穀取引の資料調査に訪れ、あらためて米作の広がりや商品としての重要性を実感した。秋田・宮城・富山・山口・熊本などの産地、また東京・大阪・兵庫・群馬など各都府県の図書館や文書館を利用させていただいた。ここに、いちいち施設の名称をあげることはできないが、所蔵機関やお世話になった方々に御礼申し上げたい。

また本書は、多くの諸先学の研究成果に依拠している。本書には引用しなかったが、参考とさせていただいたものは多い。巻末に参考文献として何点かあげたが、紙数が限られ近年刊行された著書に限った。ご寛容をお願いするとともに感謝の意を表したい。

本書の刊行は、吉川弘文館の一寸木（ますき）紀夫氏から近代日本の「米」や「食」のテーマで執筆のお誘いを受けたことにはじまる。一寸木氏には原稿作成の段階から適切な助言をいただいた。また製作では伊藤俊之氏に大変お世話になった。丁寧なお仕事ぶりのお二人に深く感謝したい。最後に私事にわたるが、母と義母、そして家族に感謝の言葉をささげたい。

本書は二〇〇四～二〇〇六年度科学研究費補助金の成果の一部である。

二〇〇六年一一月

大豆生田　稔

参考文献

石井寛治『日本流通史』有斐閣、二〇〇三年
石井寛治編『近代日本流通史』東京堂出版、二〇〇五年
石田朗『戦前の理事長—東京の米穀取引所—』東京穀物商品取引所、一九九二年
梅村又次・高松信清・伊藤繁『地域経済統計』（『長期経済統計』一三）、東洋経済新報社、一九八三年
老川慶喜・大豆生田稔編著『商品流通と東京市場』日本経済評論社、二〇〇〇年
大塚力『「食」の近代史』（『教育社歴史新書』一三七）、教育社、一九七九年
大豆生田稔『近代日本の食糧政策』ミネルヴァ書房、一九九三年
河合和男『朝鮮における産米増殖計画』未来社、一九八六年
川東竫弘『戦前日本の米価政策史研究』ミネルヴァ書房、一九九〇年
紀田順一郎『東京の下層社会』（『ちくま学芸文庫』）、筑摩書房、二〇〇〇年
木村茂光編『雑穀Ⅱ』（『「もの」から見る日本史』）、青木書店、二〇〇六年
小岩信竹『近代日本の米穀市場』農林統計協会、二〇〇三年
篠原三代平『個人消費支出』（『長期経済統計』六）、東洋経済新報社、一九六七年
成城大学民俗学研究所編『日本の食文化』正編・補遺編、岩崎美術社、一九九〇年・一九九五年
中川清編『明治東京下層生活誌』（『岩波文庫』）、岩波書店、一九九四年

中西聡・中村尚史編著『商品流通の近代史』日本経済評論社、二〇〇三年
中山誠記『食生活はどうなるか』（『岩波新書』）、岩波書店、一九六〇年
西川俊作・阿部武司編『産業化の時代』上（『日本経済史』四）、岩波書店、一九九〇年
西村卓『「老農時代」の技術と思想』（『ＭＩＮＥＲＶＡ日本史ライブラリー』四）、ミネルヴァ書房、一九九七年
宮本又郎ほか『日本市場史』山種グループ記念出版会、一九八九年
持田恵三『米穀市場の展開過程』東京大学出版会、一九七〇年
歴史教育者協議会編『図説米騒動と民主主義の発展』民衆社、二〇〇四年

著者紹介
一九五四年、東京都に生まれる
一九七八年、東京大学文学部国史学科卒業
現在、東洋大学文学部教授
主要著書
近代日本の食糧政策　商品流通と東京市場
（共編著）横浜近郊の近代史（共著）

歴史文化ライブラリー
225

お米と食の近代史

二〇〇七年（平成十九）二月一日　第一刷発行

著　者　大豆生田（おおまめうだ）稔（みのる）

発行者　前田求恭

発行所　株式会社 吉川弘文館
東京都文京区本郷七丁目二番八号
郵便番号一一三—〇〇三三
電話〇三—三八一三—九一五一〈代表〉
振替口座〇〇一〇〇—五—二四四
http://www.yoshikawa-k.co.jp/

印刷＝株式会社 平文社
製本＝ナショナル製本協同組合
装幀＝マルプデザイン

歴史文化ライブラリー

1996.10

刊行のことば

現今の日本および国際社会は、さまざまな面で大変動の時代を迎えておりますが、近づきつつある二十一世紀は人類史の到達点として、物質的な繁栄のみならず文化や自然・社会環境を謳歌できる平和な社会でなければなりません。しかしながら高度成長・技術革新にともなう急激な変貌は「自己本位な刹那主義」の風潮を生みだし、先人が築いてきた歴史や文化に学ぶ余裕もなく、いまだ明るい人類の将来が展望できていないようにも見えます。

このような状況を踏まえ、よりよい二十一世紀社会を築くために、人類誕生から現在に至る「人類の遺産・教訓」としてのあらゆる分野の歴史と文化を「歴史文化ライブラリー」として刊行することといたしました。

小社は、安政四年(一八五七)の創業以来、一貫して歴史学を中心とした専門出版社として書籍を刊行しつづけてまいりました。その経験を生かし、学問成果にもとづいた本叢書を刊行し社会的要請に応えて行きたいと考えております。

現代は、マスメディアが発達した高度情報化社会といわれますが、私どもはあくまでも活字を主体とした出版こそ、ものの本質を考える基礎と信じ、本叢書をとおして社会に訴えてまいりたいと思います。これから生まれでる一冊一冊が、それぞれの読者を知的冒険の旅へと誘い、希望に満ちた人類の未来を構築する糧となれば幸いです。

吉川弘文館

〈オンデマンド版〉
お米と食の近代史

歴史文化ライブラリー
225

2022年（令和4）10月1日　発行

著　者　大豆生田 稔（おおまめうだ みのる）
発行者　吉 川 道 郎
発行所　株式会社 吉川弘文館
〒113-0033　東京都文京区本郷7丁目2番8号
TEL　03-3813-9151〈代表〉
URL　http://www.yoshikawa-k.co.jp/

印刷・製本　大日本印刷株式会社
装　幀　清水良洋・宮崎萌美

大豆生田 稔（1954～）

ISBN978-4-642-75625-9